无功补偿设备及电能质量

技术监督 实用手册

国网冀北电力有限公司　组编

中国电力出版社

CHINA ELECTRIC POWER PRESS

内 容 提 要

本手册依据《全过程技术监督精益化管理实施细则》，针对非旋转类无功补偿设备及电能质量，从技术角度详细解析无功补偿设备及电能质量技术监督的监督要点，剖析设备故障的本质原因，提出技术监督实施方法。

本手册共分五章，主要内容为概述，并联电容器装置，SVC、SVG装置，串联补偿装置和电能质量。手册内容通过设置监督项目、监督要点、监督方法、整改建议和监督项目解析五项，以表格形式呈现，言简意赅便于使用。

本手册可供电力行业内从事并联电容器、SVC/SVG静止无功装置、电能质量等技术监督工作的技术人员和管理人员使用，也可供相关专业师生参考。

图书在版编目（CIP）数据

无功补偿设备及电能质量技术监督实用手册/国网冀北电力有限公司组编．－北京：中国电力出版社，2019.4
ISBN 978-7-5198-2776-2

Ⅰ．①无…　Ⅱ．①国…　Ⅲ．①无功补偿－补偿装置－质量技术监督－手册　Ⅳ．①TM714.3-62

中国版本图书馆 CIP 数据核字（2018）第 295188 号

出版发行：中国电力出版社	印　　刷：北京天宇星印刷厂
地　　址：北京市东城区北京站西街19号	版　　次：2019年4月第一版
邮政编码：100005	印　　次：2019年4月北京第一次印刷
网　　址：http://www.cepp.sgcc.com.cn	开　　本：710毫米×980毫米　16开本
责任编辑：翟巧珍（010-63412351）	印　　张：16
责任校对：黄　蓓　闫秀英	字　　数：188千字
装帧设计：张俊霞	印　　数：0001—2000册
责任印制：石　雷	定　　价：49.00 元

编　委　会

前　言

随着国家电网有限公司全过程技术监督工作不断深入开展，为确保技术监督工作准确有效开展，迫切需要技术监督专业人员具备较高的专业水准和技术水平。《国家电网公司全过程技术监督精益化实施细则》自发布以来，为技术监督标准化、规范化、精益化开展发挥了积极的指导作用。

为便于各单位技术监督专业人员更好地掌握和应用《国家电网公司全过程技术监督精益化实施细则》，结合《国家电网公司技术监督管理规定》要求，国网冀北电力有限公司组织编写了《无功补偿设备及电能质量技术监督实用手册》。

该手册以细则内容为基础，以相关技术监督条款解析为特色，内容涵盖了规划可研、工程设计、设备采购、设备制造、设备验收、设备安装、设备调试、竣工验收、运维检修、退役报废10个技术监督阶段的监督项目、要点、方法、整改建议和监督项目解析。通过对本手册的学习和应用，能够使各级技术监督专业人员在监督工作中进一步高效、准确应用监督细则，达到标准化、规范化、精益化开展技术监督工作的目的。

本手册的编写得到了国网冀北电力有限公司有关领导、部门以及各单位的大力支持。

鉴于时间所限，书中难免存有不妥之处，恳请广大读者批评指正。

编　者

2018 年 11 月

目　录

第一章　概述

　　电力设备的技术监督是指在电力设备全过程管理的规划可研、工程设计、设备采购、设备制造、设备验收、设备安装、设备调试、竣工验收、运维检修、退役报废等阶段，采用有效的检测、试验、抽查和核查资料等手段，监督公司有关技术标准和预防设备事故措施在各阶段的执行落实情况，分析评价电力设备健康状况、运行风险和安全水平，并反馈到发展、基建、运检、营销、科技、信通、物资、调度等部门，以确保电力设备安全可靠经济运行。

　　技术监督工作以提升设备全过程精益化管理水平为中心，在专业技术监督基础上，以设备为对象，依据技术标准和预防事故措施并充分考虑实际情况，全过程、全方位、全覆盖地开展监督工作。

　　2016 年，国家电网公司发布了《全过程技术监督精益化管理实施细则》，以其为抓手，对近两年所有新投运工程开展了全过程技术监督工作。

　　无功补偿装置是指安装于电力系统用于补偿、平衡无功功率的装置，包括并联电容器装置、串联补偿装置、静止无功补偿装置（SVC）、静止无功发生器（SVG）和调相机，本手册针对静止类无功补偿设备编写。调相机属于旋转类设备，与发电机类似，与其他无功补偿设备差异较大，因此不在本手册中提及。

　　本手册对《全过程技术监督精益化管理实施细则》中的并联电容器装置、SVC/SVG、串联补偿装置等几类常用非旋转类无功补偿设备及电能质量相关技术监督条款进行解析，为无功补偿设备及电能质量技术监督工作人员提供参考。

第二章　并联电容器装置

第一节　规划可研阶段

序号	监督项目	监督要点	监督方法	整改建议	监督项目解析
1.1	无功补偿装置配置要求	（1）在配置无功补偿装置时应考虑谐波治理措施。 （2）电力系统配置的无功补偿装置应在系统有功负荷高峰和负荷低谷运行方式下，保证分（电压）层和分（供电）区的无功平衡。 （3）电力用户应根据其负荷性质采用适当的无功补偿方式和容量，在任何情况下，不应向电网倒送无功功率，保证在电网负荷高峰时不从电网吸收大量无功功率，同时保证电能质量满足相关技术标准要求。 （4）220kV及以上电压等级变电站安装有两台及以上变压器时，每台变压器配置的无功补偿容量宜基本一致。 （5）110（66）kV变电站的单台主变压器容量为40MVA及以上时，每台主变压器配置不少于两组的容性无功补偿装置	查阅可研报告、电网发展规划、可研审查意见等资料	若在查阅资料时发现电容器组补偿总容量不满足相关要求，应及时将相关情况通知规划可研部门，督促其修改可研报告，确保补偿总容量满足监督要点的要求	《城市电力网规划设计导则》（国家电网科〔2006〕1202号）、《电力系统无功补偿配置技术导则》（国家电网科〔2008〕1282号）相关标准已经废止或更新。无功补偿基本原则包括分层和分区平衡的原则，分层无功平衡的重点是确保各电压等级层面的无功功率平衡，减少无功在各电压等级之间的穿越；分区无功平衡重点是确保各供电区域无功功率就地平衡，减少区域间无功功率交换；分散补偿与集中补相结合的原则无功补偿装置应根据就地平衡和便于调整电压的原则进行配置，可采用分散和集中补偿相结合的方式；电网补偿与用户补偿相结合的原则，电网无功补偿以补偿公网和系统无功需求为主；用户无功补偿以补偿负荷侧无功需求为主，在任何情况下用户无功补偿不应向电网倒送无功功率，并保证在电网负荷高峰时不从电网吸收大量无功功率

序号	监督项目	监督要点	监督方法	整改建议	监督项目解析
1.2	无功补偿安装位置	（1）330kV 及以上的变电站的变压器低压侧配置并联电抗器和电容器。 （2）220kV 变电站可在变压器专用中压侧或低压侧配置并联电容器（电抗器）。 （3）35～110kV 变电站一般在变压器低压侧配置并联电容器。 （4）在 20kV 或 10kV 配电室中安装无功补偿装置时，应安装在低压侧母线上，并应注意不应在低谷负荷时向系统倒送无功功率。 （5）当电容器能分散安装在低压用户的用电设备上时，配电室中也可不装设电容器	查阅可研报告、电网发展规划、可研审查意见等资料	当技术监督人员在查阅资料时发现无功补偿安装位置不满足相关要求，应及时将相关情况通知规划可研部门，督促经研院修改可研报告	本条规定的目的是为了提高补偿效果，降低损耗，防止用户的无功补偿电容器向电网倒送无功功率

序号	监督项目	监督要点	监督方法	整改建议	监督项目解析
1.3	并联电容器组补偿总容量	（1）330～750kV 变电站按照主变压器容量的 10%～20%配置，或经计算后确定。 （2）对于 220kV 变电站： 1）满足下列条件之一时，容性无功补偿装置应按主变压器容量的 15%～25%配置。 a. 220kV 枢纽站。 b. 中压侧或低压侧出线带有电力用户负荷的 220kV 变电站。 c. 变比为 220/66（35）kV 的双绕组变压器。 d. 220kV 高阻抗变压器。 2）满足下列条件之一时，容性无功补偿装置应按主变压器容量的 10%～15%配置。 a. 低压侧出线不带电力用户负荷的 220kV 终端站。 b. 统调发电厂并网点的 220kV 变电站。 c. 220kV 电压等级进出线以电缆为主的 220kV 变电站。 d. 当 1）、2）中的情况同时出现时，以 1）为准。 （3）对于 35～110kV 变电站： 1）当 35～110kV 变电站内配置了滤波电容器时，按主变压器容量的 20%～30%配置。 2）当 35～110kV 变电站为电源接入点时，按主变压器容量的 15%～20%配置。 3）其他情况下，按主变压器容量的 15%～30%配置。 （4）1000kV 变电站的并联电容器组的额定容量推荐为：180、210、240Mvar	查阅可研报告、电网发展规划、可研审查意见等资料	当技术监督人员在查阅资料时发现电容器组补偿总容量不满足相关要求，应及时将相关情况通知规划可研部门，督促其修改可研报告，确保补偿总容量满足监督要点的要求	《电力系统无功补偿配置技术导则》（国家电网科〔2008〕1282 号）已经更新为 Q/GDW 1212—2015《电力系统无功补偿配置技术导则》。 补偿总容量作为并联电容器组规划可研的主要参数，一旦确定后将作为设备后续的设计、采购、制造环节的依据，任何更改都意味着与厂家的反复沟通和费用的增加。设备一旦投运，其总容量的改动往往非常困难，改造工作量大、停电要求高、施工时间长，往往只能通过设备更换实现，造成严重浪费。并联电容器组补偿总容量必须满足要求，否则，电网无功功率不平衡将导致系统电压的巨大波动，严重时会导致用电设备的损坏，出现系统电压崩溃和稳定性破坏事故

序号	监督项目	监督要点	监督方法	整改建议	监督项目解析
1.4	并联电容器布置方案	（1）并联电容器装置的布置和安装设计，应利于通风散热、运行巡视。便于维护检修和更换设备以及预留分期扩建条件。 （2）无功补偿装置的布置形式，应根据安装地点的环境条件、设备性能和当地实践经验，选择户外或户内布置。 （3）35～220kV变电站电容器组的布置，可分相设置独立的框（台）架，也可采用柜式成套装置。 （4）35～220kV变电站大容量并联电容器装置宜采用多层、分相布置方式	查阅可研报告、电网发展规划、可研审查意见等资料	当技术监督人员在查阅资料时发现并联电容器布置方案不满足相关要求，应及时将相关情况通知规划可研部门，督促其修改可研报告	并联电容器内部油、膜介质损耗对温度较敏感。尤其是室内电容器，通风散热环境不好，将导致电容器运行温度超过其最高温度要求，导致电容器加速老化，提前损坏

序号	监督项目	监督要点	监督方法	整改建议	监督项目解析
1.5	并联电容器用串联电抗器布置方式	（1）室内宜选用铁芯电抗器。 （2）35～66kV 并联电容器装置所配置的干式空心串联电抗器采用非叠装的平面布置方式，可采用"一"字或"品"字布置。 （3）10kV 并联电容器采用户外布置时，干式空心串联电抗器若采用三相叠装方式，应采取或加强相关措施	查阅可研报告、电网发展规划、可研审查意见等资料	当技术监督人员在查阅资料时发现并联电容器用串联电抗器的布置方式不满足相关要求，应及时将相关情况通知规划可研部门，督促其修改可研报告，确保串联电抗器的布置方式满足监督要点的要求	《国家电网有限公司十八项电网重大反事故措施（2018 年修订版）及编制说明》对串联电抗器布置方式提出 35kV 及以上干式空心串联电抗器不应采用叠装结构，10kV 干式空心串联电抗器应采取有效措施防止电抗器单相事故发展为相间事故。户内串联电抗器应选用干式铁心或油浸式电抗器。户外串联电抗器应优先选用干式空心电抗器，当户外现场安装环境受限而无法采用干式空心电抗器时，应选用油浸式电抗器

第二节 工程设计阶段

序号	监督项目	监督要点	监督方法	整改建议	监督项目解析
2.1	并联电容器组补偿总容量	（1）电容器组每相每一并联段并联总容量不大于3900kvar（包括3900kvar）。 （2）单台电容器耐爆容量不低于15kJ。 （3）330～750kV变电站的并联电容器组补偿容量按照主变压器容量的10%～20%配置，或经计算后确定。 （4）对于220kV变电站的并联电容器组补偿容量： 1）满足下列条件之一时，容性无功补偿装置应按主变压器容量的15%～25%配置。 a. 220kV枢纽站。 b. 中压侧或低压侧出线带有电力用户负荷的220kV变电站。 c. 变比为220/66（35）kV的双绕组变压器。 d. 220kV高阻抗变压器。 2）满足下列条件之一时，容性无功补偿装置应按主变压器容量的10%～15%配置。 a. 低压侧出线不带电力用户负荷的220kV终端站。	查阅可研报告、电网发展规划、可研审查意见等资料	当技术监督人员在查阅资料时发现电容器组设计不满足相关要求时，应及时将相关情况通知设计单位，督促设计单位修改完善电容器组总容量设计	《电力系统无功补偿配置技术导则》（国家电网科〔2008〕1282号）已经更新为 Q/GDW 1212—2015《电力系统无功补偿配置技术导则》。补偿总容量作为并联电容器组规划可研的主要参数，一旦确定后将作为设备后续的设计、采购、制造环节的依据，任何更改都意味着与厂家的反复沟通和费用的增加。设备一旦投运，其总容量的改动往往非常困难，改造工作量大、停电要求高、施工时间长，往往只能通过设备更换实现，造成严重浪费。并联电容器组补偿总容量必须满足要求，否则，电网无功功率不平衡将导致系统电压的巨大波动，严重时会导致用电设备的损坏，出现系统电压崩溃和稳定性破坏事故

序号	监督项目	监督要点	监督方法	整改建议	监督项目解析
2.1	并联电容器组补偿总容量	b. 统调发电厂并网点的 220kV 变电站。 c. 220kV 电压等级进出线以电缆为主的 220kV 变电站。 d. 当 1）、2）中的情况同时出现时，以 1）为准。 （5）对于 35～110kV 变电站的并联电容器组补偿容量： 1）当 35～110kV 变电站内配置了滤波电容器时，按主变压器容量的 20%～30%配置。 2）当 35～110kV 变电站为电源接入点时，按主变压器容量的 15%～20%配置。 3）其他情况下，按主变压器容量的 15%～30%配置。 （6）1000kV 变电站的并联电容器组的额定容量推荐为：180、210、240Mvar	查阅可研报告、电网发展规划、可研审查意见等资料	当技术监督人员在查阅资料时发现电容器组设计不满足相关要求时，应及时将相关情况通知设计单位，督促设计单位修改完善电容器组总容量设计	《电力系统无功补偿配置技术导则》（国家电网科〔2008〕1282 号）已经更新为 Q/GDW 1212—2015《电力系统无功补偿配置技术导则》。补偿总容量作为并联电容器组规划可研的主要参数，一旦确定后将作为设备后续的设计、采购、制造环节的依据，任何更改都意味着与厂家的反复沟通和费用的增加。设备一旦投运，其总容量的改动往往非常困难，改造工作量大、停电要求高、施工时间长，往往只能通过设备更换实现，造成严重浪费。并联电容器组补偿总容量必须满足要求，否则，电网无功功率不平衡将导致系统电压的巨大波动，严重时会导致用电设备的损坏，出现系统电压崩溃和稳定性破坏事故

序号	监督项目	监督要点	监督方法	整改建议	监督项目解析
2.2	并联电容器组设计	（1）加强并联电容器工作场强控制，在压紧系数为 1（即 $K=1$）条件下，全膜电容器绝缘介质的平均场强不得大于 57kV/mm。 （2）并联电容器组应采用星形接线。在中性点非直接接地的电网中，星形接线电容器组的中性点不应接地。 （3）并联电容器组的每相或每个桥臂，由多台电容器串并联组合连接时，宜采用先并联后串联的连接方式。 （4）并联电容器装置的合闸涌流限值，宜取电容器组额定电流的 20 倍。当超过时，应采用装设串联电抗器予以限制。 （5）并联电容器安装连接线严禁直接利用电容器套管连接或支承硬母线。 （6）10kV 并联电容器宜能分组投切。 （7）10kV 配电装置电容器采用电缆出线。 （8）采用户外 AIS 布置形式时，将 35kV 电容器组宜布置在户外避免设室内消火栓。	查阅初设文件、设联会纪要和设计图纸等资料，重点检查电容器组接线方式和中性点接地方式等	当技术监督人员在查阅资料时发现电容器组设计不满足相关要求时，应及时将相关情况通知设计单位，督促设计单位修改完善电容器组设计，确保满足所有监督要点	单串联段的三角形接线并联电容器组，发生极间全击穿的机会是比较多的，极间全击穿相当于相间短路，注入故障点的能量，不仅有故障相健全电容器的涌放电流，还有其他两相电容器的涌放电流和系统的短路电流。这些电流的能量远远超过电容器油箱的耐爆能量，因而油箱爆炸事故较多。以前全国各地发生了不少三角形接线电容器组的爆炸起火事故，损失严重。而星形接线电容器组发生全击穿时，故障电流受到健全相容抗的限制，来自系统的工频电流大大降低，最大不超过电容器组额定电流的 3 倍，并且没有其他两相电容器的涌放电流，只有来自同相的健全电容器的涌放电流，这是星形接线电容器组油箱爆炸事故较少的技术原因之一。所以，并联电容器组接线方式应是星形接线。

续表

序号	监督项目	监督要点	监督方法	整改建议	监督项目解析
2.2	并联电容器组设计	（9）大容量并联电容器宜采用多层、分相布置方式。分层布置的电容器组框（台）架，不宜超过 3 层，每层不宜超过 2 排，四周和层间不得设置隔板。当电容器超过 3 层时，宜采用横放电容器及相应布置结构。 （10）户外布置的电容器宜使它的小面积侧朝向太阳直射方向。户内布置的并联电容器装置，应采取防止凝露引起污闪事故的安全措施。 （11）图纸设计应有并联电容器组接线图、并联电容器组平面布置图、并联电容器组断面图。 （12）电容器单元相互之间、电容器单元至母线或熔断器的连接应采用软导线并应有一定的松弛度，若软连接容量不满足要求，可采用硬连接，但必须加装伸缩节。 （13）与集合式电容器、油浸式串联电抗器的电气连接，应采用专用的接线端子和有伸缩节的导电排并连接可靠			电容器单元选型时应采用内熔丝结构，单台电容器保护应避免同时采用外熔断器和内熔丝保护。 并联电容器组设计必须全面细致考虑标准、反措要求及运维检修实际，是后续的制造、安装、验收、调试工作的具体依据，也深刻影响着运维检修工作的便利性和有效性。一旦设计不到位，直接影响到设备的安全稳定运行

续表

序号	监督项目	监督要点	监督方法	整改建议	监督项目解析
2.3	并联电容器组选型	（1）电容器组可由单台电容器或多台电容器串并联组成。电容器组的一次接线除应满足内部故障保护的要求外，还应满足动、热稳定的要求，并接成三相不接地的星形。 （2）户内型熔断器不得用于户外并联电容器组。 （3）在最大单组无功补偿装置投切引起所在母线电压变化不宜超过电压额定值的2.5%的情况下，110（66）kV 变电站容性无功补偿装置的单组容量不应大于 6Mvar，35kV 变电站容性无功补偿装置的单组容量不应大于 3Mvar。单组容量的选择还应考虑变电站负荷较小时无功补偿的需要。 （4）在最大单组无功补偿装置投切引起所在母线电压变化不宜超过电压额定值的2.5%的情况下，220kV 变电站容性无功补偿装置的单组容量，接于 66kV 电压等级时不宜大于 20Mvar，接于 35kV 电压等级时不宜大于 12Mvar，接于 10kV 电压等级时不宜大于 8Mvar。	查阅初步设计文件、设联会纪要和设计图纸等资料，重点检查电容器组单组容量配置	当技术监督人员在查阅资料时发现电容器组设计不满足相关要求时，应及时将相关情况通知设计单位，督促设计单位修改完善电容器组设计，确保满足所有监督要点	为确保电容器组投切的灵活性，保证满足就地无功补偿要求，单组电容器容量不宜过大。根据电压等级的不同，对最大单组无功补偿容量做出要求，使单组投切时，母线电压变化不超过额定电压的2.5%

续表

序号	监督项目	监督要点	监督方法	整改建议	监督项目解析
2.3	并联电容器组选型	（5）在最大单组无功补偿装置投切引起所在母线电压变化不宜超过电压额定值的 2.5% 的情况下，330kV 及以上电压等级变电站内配置的电容器单组容量最大值，按 Q/GDW 1212—2015《国家电网公司电力系统无功补偿配置技术导则》确定。 （6）330～750kV 变电站并联电容器组的分组容量，应满足： 1）分组装置在不同组合方式下投切时，不得引起高次谐波谐振和有危害的谐波放大。 2）投切一组补偿设备引起所在母线的电压变动值，不宜超过其额定电压的 2.5%。 3）应与断路器投切电容器组的能力相适应。 （7）110kV 并联电容器组应采用每相 H 形连接的单星形接线。 （8）1000kV 变电站并联电容器装置的外绝缘的统一爬电比距应满足要求：污秽等级 b 级及以下不小于 2.5cm/kV（相对于系统最高工作电压），c 级及以上不小 3.1cm/kV，对于重污秽地区由使用部门与制造厂协商确定。 （9）1000kV 变电站并联电容器装置在水平加速度 0.2g（安全系数不小于 1.67）作用下不损坏	查阅初步设计文件、设联会纪要和设计图纸等资料，重点检查电容器组单组容量配置	当技术监督人员在查阅资料时发现电容器组设计不满足相关要求时，应及时将相关情况通知设计单位，督促设计单位修改完善电容器组设计，确保满足所有监督要点	为确保电容器组投切的灵活性，保证满足就地无功补偿要求，单组电容器容量不宜过大。根据电压等级的不同，对最大单组无功补偿容量做出要求，使单组投切时，母线电压变化不超过额定电压的 2.5%

续表

序号	监督项目	监督要点	监督方法	整改建议	监督项目解析
2.4	隔离开关选型	隔离开关额定电流应按并联电容器组额定电流的 1.3 倍选择	查阅初设文件、设联会纪要和设计图纸等资料	当技术监督人员在查阅资料时发现电容器组设计不满足相关要求时，应及时将相关情况通知设计单位，督促设计单位修改完善隔离开关设计	GB 50227—2017《并联电容器装置设计规范》规定，并联电容器回路导体截面应按并联电容器组额定电流的 1.3 倍选择。电容器组的容量偏差不超过＋5%、电容器长期过电压不超过额定电压的 1.1 倍、在谐波和过电压的共同作用下，电容器组的稳态过电流值按 1.3 倍电容器组额定电流考虑。加上串联电抗器的作用，回路电流一般不会超过 1.3 倍电容器组额定电流

续表

序号	监督项目	监督要点	监督方法	整改建议	监督项目解析
2.5	串联电抗器户外/户内布置设计	（1）10kV 并联电容器采用户外布置时，干式空心串联电抗器若采用三相叠装方式，应采取或加强相关措施。 （2）35～66kV 并联电容器装置所配置的干式空心串联电抗器采用非叠装的平面布置方式，可采用"一"字或"品"字布置	查阅初设文件、设联会纪要和设计图纸等资料的方式	当技术监督人员在查阅资料时发现串联电抗器户外/户内布置设计不满足相关要求，应及时将相关情况通知规划可研部门，督促其修改可研报告，确保串联电抗器户外/户内布置设计满足监督要点的要求	《国家电网有限公司十八项电网重大反事故措施（2018年修订版）及编制说明》对串联电抗器户外/户内布置设计提出户内串联电抗器应选用干式铁芯或油浸式电抗器。户外串联电抗器应优先选用干式空心电抗器，当户外现场安装环境受限而无法采用干式空心电抗器时，应选用油浸式电抗器。新安装的、35kV 及以上干式空心串联电抗器不应采用叠装结构，10kV 干式空心串联电抗器应采取有效措施防止电抗器单相事故发展为相间事故

序号	监督项目	监督要点	监督方法	整改建议	监督项目解析
2.6	串联电抗器户外/户内布置设计	（1）电抗率应根据系统谐波测试情况计算配置，必须避免同谐波发生谐振或谐波过度放大，满足运行中谐波电流不超过标准要求。 （2）室内宜选用铁芯电抗器。 （3）干式空心电抗器应安装电容器组首端，在系统短路电流大的安装点应校核其动稳定性。 （4）屋内安装的油浸式铁芯串联电抗器，其油量超过 100kg 时，应单独设置防爆间隔和储油设施。 （5）当干式空心串联电抗器采用屋内布置时，应加大对周围的空间距离，并应避开继电保护和微机监控等电气二次弱电设备。 （6）110kV 并联电容器装置串联电抗器选用干式电抗器	查阅初设文件、设联会纪要和设计图纸等资料的方式	当技术监督人员在查阅资料时发现串联电抗器设计选型不满足相关要求，应及时将相关情况通知规划可研部门，督促其修改可研报告，确保串联电抗器设计选型满足监督要点的要求	《国家电网有限公司十八项电网重大反事故措施（2018 年修订版）及编制说明》对串联电抗器设计选型提出并联电容器用串联电抗器抑制谐波时，电抗率应根据并联电容器装置接入电网处的背景谐波含量的测量值选择，避免同谐波发生谐振或谐波过度放大。户内串联电抗器应选用干式铁芯或油浸式电抗器。户外串联电抗器应优先选用干式空心电抗器，当户外现场安装环境受限而无法采用干式空心电抗器时，应选用油浸式电抗器。新安装的、35kV 及以上干式空心串联电抗器不应采用叠装结构，10kV 干式空心串联电抗器应采取有效措施防止电抗器单相事故发展为相间事故。干式空心串联电抗器应安装在电容器组首端，在系统短路电流大的安装点，设计时应校核其动、热稳定性。户外装设的干式空心电抗器，包封外表面应有防污和防紫外线措施。电抗器外露金属部位应有良好的防腐蚀涂层

续表

序号	监督项目	监督要点	监督方法	整改建议	监督项目解析
2.7	串联电抗器电抗率选择	（1）仅用于限制涌流时，电抗率宜取0.1%～1.0%。 （2）当背景谐波为5次及以上时，串联电抗率可取5.0%或6.0%。 （3）当谐波为3次及以上时，电抗率宜取12.0%，当电容器组数较多，宜采用5.0%与12.0%两种电抗率混装方式	查阅初设文件、设联会纪要和设计图纸等资料的方式	当技术监督人员在查阅资料时发现电容器组设计不满足相关要求时，应及时将相关情况通知设计单位，督促设计单位修改串联电抗器设计	串联电抗器的主要作用是抑制谐波和限制涌流。当电网背景谐波为5次及以上时，应选5%或6%的串联电抗器。且选6%时，其对3次谐波放大作用比5%大，为了抑制5次及以上谐波，同时又要兼顾减少对3次谐波的放大，建议优先选用5%的串联电抗器。当谐波为3次及以上时，电抗率宜取12.0%，当电容器组数较多，可采用5.0%与12.0%两种电抗率混装方式

序号	监督项目	监督要点	监督方法	整改建议	监督项目解析
2.8	避雷器选型	（1）电容器组过电压保护用金属氧化物避雷器，接线方式用星形接线，中性点直接接地方式。 （2）电容器组过电压保护用金属氧化物避雷器应安装在紧靠电容器组高压侧入口处位置。 （3）选用电容器组用金属氧化物避雷器时，应充分考虑其通流容量的要求	查阅初设文件、设联会纪要和设计图纸等资料的方式	当技术监督人员在查阅资料时发现电容器组设计不满足相关要求时，应及时将相关情况通知设计单位，督促设计单位修改避雷器设计	（1）是反措提出的，防止采用"3+1"的布置方式。 （2）是由于部分电容器组的设计将避雷器置于串联电抗器之前，而串联电抗器与电容器之间才是电容器电压最高的地方，避雷器应紧靠电容器高压侧入口处布置才能有效保护电容器。 （3）具体要求为24Mvar及以下的避雷器 2ms 方波电流不小于500A。容量大于20Mvar的电容器组，容量每增加 20Mvar，按方波电流增加值不小于400A估算

续表

序号	监督项目	监督要点	监督方法	整改建议	监督项目解析
2.9	放电线圈选型	（1）新安装放电线圈应采用全密封结构。 （2）应采用电容器组专用的油浸式或干式放电线圈产品。 （3）油浸式放电线圈应为全密封结构，在最低环境温度下运行时不得出现负压。 （4）放电线圈带有二次绕组时，其额定输出、准确级，应满足保护和测量的要求	查阅初设文件、设联会纪要和设计图纸等资料的方式	当技术监督人员在查阅资料时发现电容器组设计不满足相关要求时，应及时将相关情况通知设计单位，督促设计单位修改放电线圈设计	油浸式放电线圈早期产品不是全密封型，运行时容易吸潮进水，在全国各地已发生多次事故。目前的放电线圈根据多年的设备制造发展和运行时间检验，已经形成定型产品，不应采用电压互感器作为电容器的放电器。为保证全密封放电线圈的安全运行，产品结构应保证其内部压力在恰当范围内，在其最低环境温度时，不应出现负压，在最高环境温度时，内部压力不应大于 0.1MPa

续表

序号	监督项目	监督要点	监督方法	整改建议	监督项目解析
2.10	放电线圈接线	（1）放电线圈首末端必须与电容器首末端相连接。 （2）严禁放电线圈一次绕组中性点接地	查阅初设文件、设联会纪要和设计图纸等资料的方式	当技术监督人员在查阅资料时发现电容器组设计不满足相关要求时，应及时将相关情况通知设计单位，督促设计单位修改放电线圈设计	放电线圈作为对电容器放电的设备，应直接并联于电容器组两端，而不能在其范围内串入电抗器等设备。电容器中性点没有接地，放电线圈中性点接地的话，线路单相接地故障时，在线路会有很大的容性电流，这个容性电流在放电线圈中产生的热量会将其烧毁

21

续表

序号	监督项目	监督要点	监督方法	整改建议	监督项目解析
2.11	电容器消防设计	油浸集合式并联电容器，应设置储油池或挡油墙	查阅初设文件、设联会纪要和设计图纸等资料的方式	当技术监督人员在查阅资料时发现电容器组设计不满足相关要求时，应及时将相关情况通知设计单位，督促设计单位修改消防设计	集合式电容器类似变压器结构，其内部绝缘油较多，因此为防止火灾应设置储油池或挡油墙

第三节　设备采购阶段

序号	监督项目	监督要点	监督方法	整改建议	监督项目解析
3.1	并联电容器组设备参数	（1）电容器装置、单台电容器必须满足通用技术参数和性能要求。 （2）户外型高压并联电容器装置外绝缘符合当地海拔高度及污秽等级的要求。 （3）在系统短路电流大的安装点，应提出干式空心电抗器的动稳定性要求	查阅招投标文件、合同和技术规范书等资料的方式	当技术监督人员在查阅资料时发现电容器组设备参数不满足相关要求，应及时将相关情况通知物资部，确保设备选型合理性满足监督要点的要求	干式空心电抗器放置于电容器组首端，起到限制变压器低压侧短路电流的作用。因此在系统短路电流大的安装点，应提出干式空心电抗器的动稳定性要求

序号	监督项目	监督要点	监督方法	整改建议	监督项目解析
3.2	设备选型合理性	（1）室内宜选用铁芯电抗器。 （2）10kV 并联电容器采用户外布置时，干式空心串联电抗器推荐采用三相叠装方式，为有效防止相间短路，应采取或加强相关措施。 （3）放电线圈应采用全密封结构。 （4）金属氧化物避雷器应满足通流容量的要求	查阅招投标文件、合同和技术规范书等资料的方式	当技术监督人员在查阅资料时发现串联电抗器设计选型不满足相关要求，应及时将相关情况通知物资部，确保设备选型合理性满足监督要点的要求	《国家电网有限公司十八项电网重大反事故措施（2018 年修订版）及编制说明》对串联电抗器设备提出户内串联电抗器应选用干式铁芯或油浸式电抗器。户外串联电抗器应优先选用干式空心电抗器，当户外现场安装环境受限而无法采用干式空心电抗器时，应选用油浸式电抗器。新安装的、35kV 及以上干式空心串联电抗器不应采用叠装结构，10kV 干式空心串联电抗器应采取有效措施防止电抗器单相事故发展为相间事故。干式空心串联电抗器应安装在电容器组首端，在系统短路电流大的安装点，设计时应校核其动、热稳定性。户外装设的干式空心电抗器，包封外表面应有防污和防紫外线措施。电抗器外露金属部位应有良好的防腐蚀涂层

序号	监督项目	监督要点	监督方法	整改建议	监督项目解析
3.3	并联电容器采购需提供的试验报告的要求	（1）产品应具有合格、有效的出厂试验报告和形式试验报告。 （2）同一型号电容器必须提供耐久性试验报告。对每一批次产品，制造厂需提供能覆盖此批次产品的耐久性试验报告。 （3）在电容器采购中，应要求生产厂提供每一台供货电容器局部放电试验抽检报告。局部放电试验报告必须给出局部放电起始电压、局部放电量和局部放电熄灭电压。其中，局部放电起始电压应不小于 $1.5U_N$，局部放电量（$1.5U_N$ 下）应不大于 100pC，局部放电熄灭电压应不小于 $1.2U_N$。	确认招投标文件、合同、试验报告和技术规范书等资料齐全、规范。尤其是形式试验报告中的试验项目不应缺项	当技术监督人员在查阅资料时发现出厂试验报告和形式试验报告等资料不够齐全、规范，即《细则》要求的资料不齐全或试验项目不全面时，技术监督人员应通知厂家和物资部门，督促厂家补充材料，直至所有材料均满足要求	考虑到电容器产品长期运行稳定性，电容器单元的形式试验要求应按照 GB/T 11024.2—2001《标称电压 1kV 以上交流电力系统用并联电容器　第 2 部分：耐久性试验》中有关规定开展过电压周期试验和老化试验。过电压周期试验是为了验证在从额定最低温度到室温的范围内，反复的过电压周期不致使介质击穿。老化试验是为了验证在提高的温度下，由增加电场强度所造成的加速老化不会引起介质过早击穿。

续表

序号	监督项目	监督要点	监督方法	整改建议	监督项目解析
3.3	并联电容器采购需提供的试验报告的要求	（4）电容器的极对壳局部放电熄灭电压不低于 1.2 倍最高运行线电压（外壳落地式产品），外壳置于绝缘台架的产品（含集合式内单元置于绝缘台架的产品）的极对壳局部放电熄灭电压与相同绝缘水平的电容器的要求相同	确认招投标文件、合同、试验报告和技术规范书等资料齐全、规范。尤其是形式试验报告中的试验项目不应缺项	当技术监督人员在查阅资料时发现出厂试验报告和形式试验报告等资料不够齐全、规范，即《细则》要求的资料不齐全或试验项目不全面时，技术监督人员应通知厂家和物资部门，督促厂家补充材料，直至所有材料均满足要求	但是，最新的 DL/T 840—2016《高压并联电容器使用技术条件》中，已经把耐久性试验和外壳爆破能量试验列为特殊试验项目。高频高幅值的短路放电电流或工频故障电流都可能使电容器外壳或套管发生爆裂。耐受爆破能量是指电容器单元内部发生极间或极对壳击穿时，外部电路的能量，包括故障电容器单元本身储存的能量，注入电容器单元内部，而电容器外壳和套管能够耐受且不发生爆裂、漏油的能量限值。电容器单元的耐受爆破能量是一项最重要的安全性指标。所以，并联电容器采购需提供的试验报告不仅要求同一型号电容器必须提供耐久性试验报告。而且对每一批次产品，制造厂还需提供能覆盖此批次产品的耐久性试验报告，以及需要特别注意的是，要求提供能覆盖此批次产品的外壳爆破能量试验报告

续表

序号	监督项目	监督要点	监督方法	整改建议	监督项目解析
3.4	隔离开关及接地开关	隔离开关和接地开关必须选用符合国家电网公司《关于高压隔离开关订货的有关规定（试行）》完善化技术要求的产品	查阅招投标文件、合同和技术规范书等资料的方式	当技术监督人员在查阅资料时发现隔离开关不满足相关要求，应及时将相关情况通知物资部，确保设备选型合理性满足监督要点的要求	隔离开关额定电流应按并联电容器组额定电流的 1.3 倍选择

续表

序号	监督项目	监督要点	监督方法	整改建议	监督项目解析
3.5	串联电抗器	（1）对于空心和半心电抗器，结构件应采用非导磁材料或低导磁材料。 （2）受阳光直照的包封面应具有较强的抗紫外线能力。 （3）采取防水、防潮措施，采取憎水性、憎水迁移性好的材料。 （4）选用空心串联电抗器时，一定要使电抗器周边结构件（框架或护栏）的金属件呈开环状	查阅招投标文件、合同和技术规范书等资料的方式	当技术监督人员在查阅资料时发现串联电抗器不满足相关要求，应及时将相关情况通知物资部，确保串联电抗器满足监督要点的要求	《国家电网有限公司十八项电网重大反事故措施（2018年修订版）及编制说明》对串联电抗器设备提出户外装设的干式空心电抗器，包封外表面应有防污和防紫外线措施。电抗器外露金属部位应有良好的防腐蚀涂层。干式空心电抗器下方接地线不应构成闭合回路，围栏采用金属材料时，金属围栏禁止连接成闭合回路，应有明显的隔离断开段，并不应通过接地线构成闭合回路。干式铁芯电抗器户内安装时，应做好防振动措施

序号	监督项目	监督要点	监督方法	整改建议	监督项目解析
3.6	避雷器	（1）选用电容器组用金属氧化物避雷器时，应充分考虑其通流容量的要求。 （2）装设于电容器组每一相与地之间的避雷器，电容器组容量在24Mvar及以下，2ms方波电流应不小于500A。容量大于20Mvar的电容器组，容量每增加20Mvar，按方波电流增加值不小于400A进行估算	查阅招投标文件、合同和技术规范书等资料的方式	当技术监督人员在查阅资料时发现避雷器不满足相关要求，应及时将相关情况通知物资部，确保串联电抗器满足监督要点的要求	该条款来源于GB 50227—2017《并联电容器装置设计规范》，避雷器通流容量通常采用2ms方波的出厂试验确定。由于避雷器直接保护电容器组，当电容器组过电压超过要求时，其能量通过避雷器泄放，因此避雷器通流要求与电容器组容量大小有关，该容量通过计算得到

续表

序号	监督项目	监督要点	监督方法	整改建议	监督项目解析
3.7	放电线圈	（1）厂家必须提供合格、有效的形式试验报告。 （2）新安装放电线圈应采用全密封结构。 （3）当一次绕组有共用端子时，每个二次绕组的额定输出和准确级应分别满足50VA，0.5级。100VA，1级	查阅招投标文件、合同和技术规范书等资料的方式	当技术监督人员在查阅资料时发现放电线圈不满足相关要求，应及时将相关情况通知物资部，确保串联电抗器满足监督要点的要求	油浸式放电线圈早期产品不是全密封型，运行时容易吸潮进水，在全国各地已发生多次事故。目前的放电线圈根据多年的设备制造发展和运行时间检验，已经形成定型产品，不应采用电压互感器作为电容器的放电器。为保证全密封放电线圈的安全运行，产品结构应保证其内部压力在恰当范围内，在其最低环境温度时，不应出现负压，在最高环境温度时，内部压力不应大于 0.1MPa

续表

序号	监督项目	监督要点	监督方法	整改建议	监督项目解析
3.8	并联电容器组保护设计	（1）采用电容器成套装置及集合式电容器时，应要求厂家提供保护计算方法和保护整定值。 （2）电容器组安装时应尽可能降低初始不平衡度，保护定值应根据电容器内部元件串并联情况进行计算确定	查阅招投标文件、合同和技术规范书等资料的方式	当技术监督人员在查阅资料时发现厂家未提供保护定值时，应及时将相关情况通知物资部，确保串联电抗器满足监督要点的要求	每个厂家的电容器组串并联数及其内部元件结构都不相同，因此需要厂家提供电容器组保护整定值

第四节 设备制造阶段

序号	监督项目	监督要点	监督方法	整改建议	监督项目解析
4.1	设备监造	（1）监造工作应依据相关法律、法规、公司设备材料监造技术规范等相关规定，以及设备采购合同、监造服务合同等。 （2）监造工作应按照监造大纲开展，重点监督以下内容：关键点见证人员的资质。当出现进度偏差或预见可能出现的延误时，报监造委托方的及时性。设备监造台账，主要包括监造计划、监造日志、监造周报、监造发现问题专题报告、监造总结等的齐全、规范性。监造工作完成后，监造工作总结提交监造委托方的及时性。 （3）产品应具有合格、有效的出厂试验报告和型式试验报告。 （4）过程见证、部件抽测、试验复测、第三方抽检等工作应形成记录，监督记录、结论及问题整改要求应以报告形式交业主、监理、制造厂等单位，作为后续工作依据	查阅监造报告、监造过程记录、出厂试验报告和型式试验报告等资料	当技术监督人员在查阅资料时发现出厂试验报告和型式试验报告等资料不够齐全、规范，即《细则》要求的资料不齐全或试验项目不全面时，技术监督人员应通知厂家和物资部门，督促厂家补充材料，直至所有材料均满足要求	电容器组设备监造阶段技术监督的重点应该是确保制造厂应有可靠的质量技术保证体系和型式试验报告、耐久性试验报告、需要特别注意的是外壳耐受爆破能量试验报告齐全合格。考虑到常规使用的电容器生产技术简单，技术和工艺都已经相当成熟，只要经落实制造厂有可靠的质量技术保证体系，一般情况下不需要驻厂监造。若有特殊要求的设备，如高海拔地区所需并联电容器或制造厂改进了工艺、新型产品等，可考虑驻厂监造或出厂试验见证

第五节　设备验收阶段

序号	监督项目	监督要点	监督方法	整改建议	监督项目解析
5.1	技术资料及图纸	设备及器材到达现场后应及时做下列检查： （1）包装及密封性应良好。 （2）开箱检查清点，规格应符合设计要求，附件、备件应齐全。 （3）产品的技术资料应齐全，应包括电容器局部放电试验报告并提供能覆盖此批次产品的耐久性试验报告	核对设备技术参数和数量应与供货合同、设计要求一致，资料完整	当发现本条款不满足时，应及时与厂家沟通进行原因分析，制定整改方案。整改后再进行到货资料的验收，直至各项资料齐全、合格	设备验收阶段是指设备在制造厂完成生产后，在现场安装前进行验收的工作阶段，包括出厂验收和现场验收。现场验收阶段应监督设备供货单与供货合同及实物一致性等。规范设备现场验收管理，是设备安全可靠投入运行的必要保证。设备现场验收是处在生产和安装的过渡过程，做好设备的到货验收工作，可以有效防止三个脱节，即设备生产与安装、使用、维修阶段的管理脱节，因此应该充分认识到电容器设备现场验收工作的重要性和复杂性

序号	监督项目	监督要点	监督方法	整改建议	监督项目解析
5.2	储存和运输	（1）高压并联电容器装置运输时须固定良好，必要时加装冲撞记录仪。 （2）高压并联电容器装置运输抵达后，厂家、运输单位、用户、监理单位等各方应共同验收，记录纸和押运记录应提供用户留存。 （3）设备起运前、到货后和储存过程中的抽查工作应形成记录，监督记录、结论及问题整改要求应以报告形式交业主、施工、监理、制造厂等单位，作为后续工作依据	检查三维冲撞记录仪、现场到货验收记录	当发现本条款不满足时，应及时与厂家沟通进行原因分析，制定整改方案。整改后再进行到货资料的验收，直至各项资料齐全、合格	设备验收阶段是指设备在制造厂完成生产后，在现场安装前进行验收的工作阶段，包括出厂验收和现场验收。现场验收阶段应监督设备供货单与供货合同及实物一致性等。规范设备现场验收管理，是设备安全可靠投入运行的必要保证。设备现场验收是处在生产和安装的过渡过程，做好设备的到货验收工作，可以有效防止三个脱节，即设备生产与安装、使用、维修阶段的管理脱节，因此应该充分认识到电容器设备现场验收工作的重要性和复杂性

序号	监督项目	监督要点	监督方法	整改建议	监督项目解析
5.3	并联电容器组	并联电容器组三相中任何两相之间的最大与最小电容之比，电容器组每组各串联段之间的最大与最小电容之比，均不宜超过1.02	查阅订货合同、技术资料和试验报告等	监督人员在查阅资料时，发现并联电容器组三相之间任何两大之比，电容器组各串联段之间的最大与最小电容不满足时及相关情况和督促厂家部门，重新调整换电次，再将通知相关的，更元，三相之间的最大与最小电容之比，及电容器组各串联段之间的最大与最小电容之比，直至其满足要求	中性点不接地的星形接线电容器组，当三相之间和每相各串联段之间电容值不平衡，正常运行时会产生电压分布不均衡，电容值不平衡加大则电压分布不均也随之加大，电容值小的某一相或某一个串联段承受的电压高。因为电容器产品在制造时就存在着容差，在电容器组安装时也不可能将电容量调配得十分均衡，所以，从理论上讲希望容差为零，使电压达到均衡分布，实际上办不到。因此，从需要与可能考虑，容差应尽量小一些。容差越小，电容器运行时电压分配的不均匀性也就小，同时，不平衡保护的初始不平衡电压与不平衡电流也小，这样才有利于保护整定和提高灵敏度。 此处涉及电容器电容量偏差的标准差异。根据《电网设备技术标准差异条款统一意见》（国家电网科〔2017〕549号），各标准对单台电容器电容量与额定值的标准偏差取值范围不同。DL/T 840—2003《高压并联电容器使用技术条件》比 Q/GWD 168—2008《输变电设备状态检修试验规程》在单台电容器电容量与额定值的标准偏差取值范围上更严格。故条款统一意见为：参照 DL/T 840—2003 执行

序号	监督项目	监督要点	监督方法	整改建议	监督项目解析
5.4	串联电抗器	（1）对于空心和半心电抗器，结构件应采用非导磁材料或低导磁材料。 （2）受阳光直照的包封面应具有较强的抗紫外线能力。 （3）采取防水、防潮措施，采取憎水性、憎水迁移性好的材料	开展本条目监督，可采用查阅招投标文件、合同和技术规范书等资料的方式	当技术监督人员在查阅资料时发现串联电抗器不满足相关要求，应及时将相关情况通知物资部，确保串联电抗器满足监督要点的要求	《国家电网有限公司十八项电网重大反事故措施（2018 年修订版）及编制说明》对串联电抗器设备提出户外装设的干式空心电抗器，包封外表面应有防污和防紫外线措施。电抗器外露金属部位应有良好的防腐蚀涂层。干式空心电抗器下方接地线不应构成闭合回路，围栏采用金属材料时，金属围栏禁止连接成闭合回路，应有明显的隔离断开段，并不应通过接地线构成闭合回路。干式铁芯电抗器户内安装时，应做好防振动措施

续表

序号	监督项目	监督要点	监督方法	整改建议	监督项目解析
5.5	放电线圈	新安装放电线圈应采用全密封结构	现场检查设备结构	若不满足要求，应要求更改设计、更换全密封结构放电线圈	油浸式放电线圈早期产品不是全密封型，运行时容易吸潮进水，在全国各地已发生多次事故

续表

序号	监督项目	监督要点	监督方法	整改建议	监督项目解析
5.6	外熔断器	厂家必须提供合格、有效的型式试验报告	检查外熔断器型式试验报告	若不满足要求，应要求厂家提供合格、有效的型式试验报告	根据多年的运行经验，由于熔断器质量参差不齐，导致其运行五年左右出现大范围失效缺陷。而外熔断器的型式试验报告相对缺失，是造成其质量不过关的重要原因

第六节　设备安装阶段

序号	监督项目	监督要点	监督方法	整改建议	监督项目解析
6.1	设备安装质量管理	安装单位及人员资质、工艺控制资料、安装过程应符合相关规定	查阅安装单位资质证明、安装作业指导书、安装记录卡、抽检报告	当发现本条款不满足时，应及时与施工单位、设备运维单位沟通，进行原因分析，制定整改方案，整改后再进行设备安装，直至各项验收满足要求	设备安装阶段是指设备在完成验收工作后，在现场进行安装的工作阶段。本阶段技术监督工作由各级基建部门组织技术监督实施单位通过查阅资料、现场抽查、抽检等方式监督，并评价安装单位及人员资质、工艺控制资料、安装过程是否符合相关规定，对重要工艺环节开展安装质量抽检，对不符合要求的出具监督告（预）警单。电容器装置应遵守相关安装规程，开展安装质量管理工作。对施工单位、施工方案及重要工艺环节进行检查是确保安装过程符合规程要求的重要措施。若资质不满足，无合理施工方案，关键环节抽检不合格，将无法确保安装可靠性

序号	监督项目	监督要点	监督方法	整改建议	监督项目解析
6.2	避雷器	（1）电容器组过电压保护用金属氧化物避雷器接线方式用星形接线，中性点直接接地方式。 （2）电容器组过电压保护用金属氧化物避雷器应安装在电容器组高压侧入口处位置	在现场进行避雷器安装的旁站监督时，重点对接线方式、接地方式、安装位置和安装工艺等方面进行检查	当技术监督人员在监督时发现电容器装置用避雷器的接线方式、接地方式、安装位置和安装工艺等不满足要求，应立即停止相关人员的后续设备安装工作。将相关情况通知建设部门，并督促安装单位立即整改，确保监督要点得到落实	电容器组过电压保护用金属氧化物避雷器接线方式用星形接线，中性点直接接地方式，可以起到防相对地、相间过电压的作用。以往电容器组过电压保护用金属氧化物避雷器接线方式还常采用"3＋1"的接线方式，即其中3个避雷器首端分别接电容器各相首端，尾端接在一起后，再通过另一个避雷器接地的方式。由于"3＋1"的接线方式对通流容量要求较大，实际避雷器生产工艺难以满足要求。 只有将电容器组过电压保护用金属氧化物避雷器安装在紧靠电容器组高压侧入口处位置，才能保证电容器组在有效的过电压保护范围内。如果将金属氧化物避雷器接在电源到电容器组进线侧，串联电抗器布置在首端，则加在电抗和容抗上的电动势方向相反，电容器的电压比电源电压高，当出现过电压工况时，避雷器将难以起到限压保护作用

续表

序号	监督项目	监督要点	监督方法	整改建议	监督项目解析
6.3	放电线圈	（1）放电线圈首末端必须与电容器首末端相连接。 （2）除用于小容量电容器中性点不可触及的场合，不得使用放电线圈的中性点与电容器组中性点不相连的星形接线方式。 （3）禁止使用放电线圈中性点接地的接线方式。 （4）保证放电线圈的线圈极性和接线正确	现场检查放电线圈安装情况	当发现本条款不满足时，应及时与施工单位沟通，进行整改	放电线圈作为对电容器放电的设备，应直接并联于电容器组两端，而不能在其范围内串入电抗器等设备。电容器中性点没有接地，放电线圈中性点接地的话，线路单相接地故障时，在线路会有很大的容性电流，这个容性电流在放电线圈中产生的热量将其烧毁

续表

序号	监督项目	监督要点	监督方法	整改建议	监督项目解析
6.4	土建施工	（1）并联电容器装置必须设置消防设施。 （2）油浸集合式并联电容器，应设置储油池或挡油墙	现场检查并联电容器装置消防设施	当发现本条款不满足时，应及时与施工单位沟通，进行整改	电容器属于充油设备，当电容器发生极间短路故障时，极易发生喷油着火事故，因此应设置消防设施

第七节　设备调试阶段

序号	监督项目	监督要点	监督方法	整改建议	监督项目解析
7.1	调试准备工作	设备单体调试、系统调试、系统启动调试的调试方案、重要记录、调试仪器设备、调试人员应满足相关标准和预防事故措施的要求	资料检查，主要检查调试方案、仪器设备校准记录及调试人员资格证书	若不符合规定，应要求调试单位整改	调试阶段要有相应的特殊试验方案，人员应有试验资质，设备应有校验报告，确保试验安全有效

序号	监督项目	监督要点	监督方法	整改建议	监督项目解析
7.2	调试准备工作	电容器组试验报告应合格、齐全。其中： （1）绝缘电阻检测包括下列内容： 1）高压并联电容器极对壳绝缘电阻； 2）集合式电容器极对壳绝缘电阻；有6支套管的三相集合式电容器，应同时测量其相间绝缘电阻。 采用2500V绝缘电阻表测量。 （2）电容量测量。电容器组的电容量与额定值的相对偏差应符合下列要求： 1）3Mvar以下电容器组：−5%～＋10%； 2）从3～30Mvar电容器组：0%～10%； 3）30Mvar以上电容器组：0%～5%。 且任意两线端的最大电容量与最小电容量之比值，应不超过1.05。	查阅交接试验报告等资料，对试验方案和试验报告进行检查，确保试验不缺项，试验结果满足标准要求	当技术监督人员在监督时发现试验报告不合格、不齐全，应及时将相关情况通知建设部门，督促调试单位完善相关试验报告，直至所有试验项目均满足要求	设备调试阶段交接试验是对设备入网前的最后一次检测，可以有效发现运输、安装等阶段是否存在问题，保证设备以良好状态投运。同时，交接试验结果是后期运行过程中判断设备是否存在异常的重要参考。绝缘电阻和电容量是目前并联电容器组调试时的主要参数，也是其投运后的例行试验项目，是判断电容器组状态的主要试验项目。

续表

序号	监督项目	监督要点	监督方法	整改建议	监督项目解析
7.2	调试准备工作	当测量结果不满足上述要求时，应逐台测量。单台电容器电容量与额定值的相对偏差应为－5%～10%，且初值差不超过±5%。 （3）并联电容器的交流耐压试验： 1）并联电容器电极对外壳交流耐压试验电压值，应符合 GB 50150—2016《电器装置安装工程　电气设备交接试验标准》的规定。 2）当产品出厂试验电压值不符合 GB 50150—2016 的规定时，交接耐压试验应按产品出厂电压值的 75%进行	查阅交接试验报告等资料，对试验方案和试验报告进行检查，确保试验不缺项，试验结果满足标准要求	当技术监督人员在监督时发现试验报告不合格、不齐全，应及时将相关情况通知建设部门，督促调试单位完善相关试验报告，直至所有试验项目均满足要求	此处涉及电容器电容量偏差的标准差异。根据《电网设备技术标准差异条款统一意见》（国家电网科〔2017〕549 号），各标准对单台电容器电容量与额定值的标准偏差取值范围不同。DL/T 840—2003《高压并联电容器使用技术条件》比 Q/GWD 168—2008《输变电设备状态检修试验规程》在单台电容器电容量与额定值的标准偏差取值范围上更严格。故条款统一意见为：参照 DL/T 840—2003 标准执行。 此处 GB 50150—2006 已有最新版，按最新版 GB 50150—2016 执行

续表

序号	监督项目	监督要点	监督方法	整改建议	监督项目解析
7.3	串联电抗器	串联电抗器交接试验报告应合格、齐全。其中： 直流电阻： （1）三相电抗器绕组直流电阻值相互间差值不应大于三相平均值的2%。 （2）同相初值与出厂值比较相应变化不应大于2%（换算到同温度下）	查阅交接试验报告等资料，对试验方案和试验报告进行检查，确保试验不缺项，试验结果满足标准要求	当技术监督人员在监督时发现试验报告不合格、不齐全，应及时将相关情况通知建设部门，督促调试单位完善相关试验报告，直至所有试验项目均满足要求	设备调试阶段交接试验是对设备入网前的最后一次检测，可以有效发现运输、安装等阶段是否存在问题，保证设备以良好状态投运。同时，交接试验结果是后期运行过程中判断设备是否存在异常的重要参考

第八节　竣工验收阶段

序号	监督项目	监督要点	监督方法	整改建议	监督项目解析
8.1	竣工验收准备工作	前期各阶段发现的问题已整改，并验收合格	查阅技术文件、相关资料和报告	当发现本条款不满足时,应及时向厂家及运维单位、运维管理单位提出整改要求,补充相关资料	前期各阶段技术监督过程中发现问题的整改落实情况,均需在竣工验收阶段进行检查,确保设备安全可靠运行。若前期问题未整改、备品备件未齐全、验收未合格,将影响静止无功补偿装置运行可靠性,甚至引起装置及系统故障

续表

序号	监督项目	监督要点	监督方法	整改建议	监督项目解析
8.2	安装投运技术文件	提交的资料文件（采购技术协议或技术规范书、制造厂提供的产品说明书、合格证明文件、安装图纸、出厂试验报告、交接试验报告、能覆盖此批次产品的耐久性试验报告、安装质量检验及评定报告、制造过程资料和隐蔽工程报告）应齐全、规范、完整，满足标准要求	查阅技术文件、相关资料和报告	当发现本条款不满足时,应及时向厂家及运维单位、运维管理单位提出整改要求,补充相关资料	产品的出厂试验报告、交接试验报告是今后运维检修工作的参考,因此应保证报告齐全

序号	监督项目	监督要点	监督方法	整改建议	监督项目解析
8.3	并联电容器	（1）外壳应无凹凸或渗油现象，引出线端子连接应牢固，垫圈、螺母应齐全。 （2）电容器外壳及支架的接地应可靠、防腐完好。 （3）电容器支架应无明显变形。 （4）支持绝缘子外表清洁，完好无破损。 （5）电容器单元相互之间、电容器单元至母线或熔断器的连接应采用软导线并应有一定的松弛度，若软连接容量不满足要求，可采用硬连接，但必须加装伸缩节。 （6）与集合式电容器、油浸式串联电抗器的电气连接，应采用专用的接线端子和有伸缩节的导电排并连接可靠。 （7）生产厂应提供供货电容器局部放电试验抽检报告。局部放电试验报告必须给出局部放电起始电压、局部放电量和局部放电熄灭电压。其中，局部放电起始电压应不小于 $1.5U_N$，局部放电量（$1.5U_N$ 下）应不大于 100pC，局部放电熄灭电压应不小于 $1.2U_N$	在现场进行技术监督时，重点对电容器组外观、接线等方面进行检查	当技术监督人员在现场监督时发现电容器组有不满足要点的地方，应及时将现场情况通知建设部门，督促安装调试单位进行整改，必要时重新进行试验	竣工验收是投运前的最后一道关口，必须在确认前期三级自检、随工验收按要求开展的基础上，再次核实重点要求的落实情况及前期发现的各类问题的整改情况。 对于电容器局部放电试验抽检报告的要求，涉及标准差异。主要为试验方法、放电量、局部放电起始电压和熄灭电压。目前还没有标准差异统一意见。考虑到电力电容器行业还普遍采用超声法测局部放电。建议统一意见为"生产厂应提供供货电容器局部放电试验抽检报告。局部放电试验报告必须给出局部放电起始电压、局部放电量和局部放电熄灭电压。其中，局部放电起始电压不应小于 $1.5U_N$，局部放电量（$1.5U_N$ 下）不应大于 50pC，局部放电熄灭电压应不小于 $1.2U_N$"

续表

序号	监督项目	监督要点	监督方法	整改建议	监督项目解析
8.4	隔离开关和接地开关	（1）隔离开关与其所配装的接地开关间应配有可靠的机械闭锁，机械闭锁应有足够的强度。 （2）同一间隔内的多台隔离开关若有电机电源，在端子箱内必须分别设置独立的开断设备。 （3）应在绝缘子金属法兰与瓷件的胶装部位涂以性能良好的防水密封胶。 （4）新安装或检修后的隔离开关必须进行导电回路电阻测试	现场检查隔离开关闭锁功能、试验报告能	若不满足本条款要求，应要求厂家进行整改	隔离开关与接地开关应可靠闭锁，防止出现同时合入或同时断开的情况，确保设备和人身安全

序号	监督项目	监督要点	监督方法	整改建议	监督项目解析
8.5	串联电抗器	（1）室内宜选用铁芯电抗器。 （2）干式空心电抗器应安装电容器组首端，在系统短路电流大的安装点应校核其动稳定性。 （3）$U_m \leq 40.5\text{kV}$ 的干式空心电抗器出厂应进行匝间耐压试验，当设备交接时，具备条件时应进行匝间耐压试验。$U_m > 40.5\text{kV}$ 的干式空心电抗器出厂应进行雷电冲击试验。（U_m 为设备最高电压，决定了设备绝缘水平，详见 GB 1094.3—2017《电力变压器　第 3 部分：绝缘水平、绝缘试验和外绝缘空气间隙》第 13.1 节）。 （4）新安装干式空心电抗器时，非 10kV 并联电容器的空心干式串联电抗器不应采用叠装结构，避免电抗器单相事故发展为相间事故。10kV 并联电容器采用户外布置时，干式空心串联电抗器推荐采用三相叠装方式，为有效防止相间短路，应采取相关措施，以防止小动物或鸟类窜入	检查电抗器相关试验报告及是否采用叠装方式	若不满足条款 1～3 的要求，应督促物资部门要求厂家提供相关报告；若不满足条款4的要求，应同基建部门及时沟通，提出整改要求	《国家电网有限公司十八项电网重大反事故措施（2018 年修订版）及编制说明》对串联电抗器布置方式提出 35kV 及以上干式空心串联电抗器不应采用叠装结构，10kV 干式空心串联电抗器应采取有效措施防止电抗器单相事故发展为相间事故。户内串联电抗器应选用干式铁芯或油浸式电抗器。户外串联电抗器应优先选用干式空心电抗器，当户外现场安装环境受限而无法采用干式空心电抗器时，应选用油浸式电抗器

序号	监督项目	监督要点	监督方法	整改建议	监督项目解析
8.6	避雷器	（1）电容器组过电压保护用金属氧化物避雷器接线方式应采用星形接线，中性点直接接地方式。 （2）电容器组过电压保护用金属氧化物避雷器应安装在紧靠电容器组高压侧入口处位置	现场检查避雷器安装位置及安装方式	若不满足本条款的要求，应同基建部门及时沟通，提出整改要求	第（1）条是反措提出的，防止采用"3＋1"的布置方式； 第（2）条是由于部分电容器组的设计将避雷器置于串联电抗器前，而串联电抗器与电容器之间才是电容器电压最高的地方，避雷器应紧靠电容器高压侧入口处布置才能有效保护电容器

续表

序号	监督项目	监督要点	监督方法	整改建议	监督项目解析
8.7	放电线圈	（1）放电线圈首末端必须与电容器首末端相连接。 （2）新安装放电线圈应采用全密封结构	现场检查避雷器安装位置及安装方式	若不满足本条款的要求，应同基建部门及时沟通，提出整改要求	油浸式放电线圈早期产品不是全密封型，运行时容易吸潮进水，在全国各地已发生多次事故。放电线圈作为对电容器放电的设备，应直接并联于电容器组两端，而不能在其范围内串入电抗器等设备

序号	监督项目	监督要点	监督方法	整改建议	监督项目解析
8.8	外熔断器	（1）厂家必须提供合格、有效的外熔断器型式试验报告。型式试验有效期为五年。户内型熔断器不得用于户外电容器组。 （2）外熔断器的安装角度应符合产品安装说明书的要求	查阅产品说明书和试验报告等资料，对所有熔断器的型式试验报告进行检查。在现场进行技术监督时，重点对熔断器是户内型还是户外型、安装角度等方面进行检查	当技术监督人员在查阅资料和现场检查时发现熔断器的型式试验报告或安装工艺不满足要求，应及时将相关情况通知建设部门，督促厂家补充试验报告，督促安装调试单位重新安装熔断器。确保型式试验和安装工艺都满足监督要点要求	外熔断器是竣工验收阶段非常重要的技术监督项目。目前，国内生产的外熔断器的性能、质量差别较大，甚至相同型号、不同批次的产品质量差别也较大，因此，要求厂家必须提供合格、有效的委托试验报告。对外熔断器的产品质量加强管理。外熔断器的安装角度必须按制造厂的说明书来安装、运行。如角度安装不合适，当电容器发生故障时，外熔断器将不能可靠动作，从而引起电容器故障扩大，如出现套管折断、电容器爆壳等严重后果。户外型外熔断器，已运行5年以上，根据实际运行观测，由于受风雨、污秽侵蚀，已大批失效，必须进行更换

序号	监督项目	监督要点	监督方法	整改建议	监督项目解析
8.9	并联电容器冲击合闸	在电网额定电压下，对电力电容器组的冲击合闸试验，应进行 3 次，熔断器不应熔断	查阅试验报告和安装调试报告，确保满足要求	当技术监督人员在查阅试验报告和安装调试报告不满足要求，应及时将相关情况通知建设部门。确保并联电容器冲击合闸满足监督要点要求	《国家电网有限公司十八项电网重大反事故措施（2018 年修订版）及编制说明》对并联电容器冲击合闸提出并联电容器装置正式投运时，应进行冲击合闸试验，投切次数为 3 次，每次合闸时间间隔不少于 5min

第九节 运维检修阶段

序号	监督项目	监督要点	监督方法	整改建议	监督项目解析
9.1	设备运行	（1）应对高压并联电容器装置制定有针对性的运行规程，对设备运行巡视周期、次数、内容及缺陷、故障分析与处理等做出明确规定。 （2）在巡视过程中，应特别关注电容器无漏油、鼓肚现象，外熔断器无锈蚀、松弛现象，非密封放电线圈无受潮现象。巡视记录应齐全、规范、满足巡视规程要求。 （3）红外测温应覆盖电容器及其所有电气连接部位，红外热像图显示无异常温升、温差和/或相对温差。 （4）制定专业巡检管理规定，明确专业巡检工作内容及要求，规范专业巡检工作流程，并按照规定要求组织检修、试验等专业人员开展专业巡检。 （5）缺陷分类应符合《输变电一次设备缺陷分类标准（试行）》，并按照发现—登录（汇报）—消除—验收—统计—考核等流程进行闭环管理，相关信息应及时录入生产管理信息系统。 （6）缺陷发现后 72h 内必须录入到生产管理信息系统中。 （7）危急缺陷处理时限不超过 24h。严重缺陷处理时限不超过 1 个月。需停电处理的一般缺陷处理时限不超过一个例行试验检修周期，可不停电处理的一般缺陷处理时限原则上不超过 3 个月	查阅技术资料、红外测温记录、缺陷记录、现场运行记录	当发现本条款不满足时，及时向运维单位及生产管理部门提出整改	为确保电容器装置安全、可靠的运行，变电站的电气运行或工作人员应加强对电容器装置的定期巡视、周期维护和检查。及时发现运行中的装置异常现象，预防电容器发生故障或将故障的危害降到最低

序号	监督项目	监督要点	监督方法	整改建议	监督项目解析
9.2	状态评价	（1）年度定期评价截止时间 4 月 30 日。5 月 15 日前，省检修公司各分部（中心）、市检修公司和县公司完成所辖设备定期评价报告。5 月 31 日前，省检修（分）公司、地（市）公司完成所辖设备定期评价工作并将相关报告上报省设备状态评价中心。 （2）新设备投运后的首次评价，应在 1 个月内组织开展，并在 3 个月内完成。 （3）缺陷发现后的评价应在生产管理信息系统登录缺陷时立即开展，并随缺陷流转过程由相关人员同步进行复评。 （4）家族缺陷评价应在家族缺陷发布后 1 个月内完成。 （5）经历不良工况后评价在设备经受不良工况后 1 周内完成。 （6）检修评价在检修试验工作完成后 2 周内完成。 （7）重大保电活动、电网迎峰度夏、迎峰度冬等专项评价应在活动开始前 1 个月内完成	查阅相关试验报告及评价报告	当发现本条款不满足时，及时向运维单位及生产管理部门提出整改	为了规范和有效的开展电容器设备状态检修工作，应对电容器装置开展例行试验与状态评价工作，运行单位应根据要求开展电容器设备状态评价（含风险评估和检修决策），包括设备定期评价和设备动态评价。根据电容器运行实际制定下年度设备状态检修计划，集中组织开展电容器设备状态评价、风险评估和检修决策工作；同时开展新设备首次评价，缺陷评价、不良工况评价、检修评价、特殊时期专项评价

续表

序号	监督项目	监督要点	监督方法	整改建议	监督项目解析
9.3	检修试验	（1）检修周期应满足要求。 （2）大型、复杂检修作业"三措一案"、现场标准化作业指导书（卡）的编制和审查应符合相关规定要求，检修过程中工艺、质量的控制需签字验收。 （3）执行 A、B 类检修时，整体更换或主要部件更换后应按照 GB 50150《电气装置安装工程电气设备交接试验标准》、订货技术协议及其他规程的要求进行全项目的交接试验。 （4）执行 C 类检修时，应记录天气条件，注意天气条件对试验结果的影响。应重视试验数据的现场分析工作。当与历史数据相比差异较大时应分析原因，试验结果应与该设备历次试验结果相比较，与同类设备试验结果相比较，参照相关的试验结果，根据变化规律和趋势，进行全面分析后做出判断。	查阅试验报告	发现本条款不满足时，及时向运维单位及生产管理部门提出整改	检修及预防性试验是电容器运行维护的重要环节，是保障电容器安全运行的有效手段，是技术监督工作的重要依据。电容器的检修、试验项目内容和周期应符合标准要求。当规程、规范中有关预防性试验中期存在上下限时，各单位应根据实际情况明确执行具体周期

序号	监督项目	监督要点	监督方法	整改建议	监督项目解析
9.3	检修试验	（5）在例行试验中，应特别关注试验周期应满足 Q/GDW 1168 的要求。绝缘电阻的测量过程及结果应满足 Q/GDW 1168 的要求。测得电容量与额定值的标准偏差应满足 Q/GDW 1168 的要求。内熔断器电容器电容量减少有无超过铭牌标注电容量3%者。 （6）检修后，应及时对检修内容、检修效果进行总结、评估，相关报告应严格按相关要求履行审核、批准手续并及时录入生产管理信息系统。检修后如设备性能、组部件有重大改变，必须在生产管理信息系统中对设备台账等技术资料进行同步更新。 （7）现场备用高压并联电容器装置应视同运行设备进行试验	查阅试验报告	发现本条款不满足时，及时向运维单位及生产管理部门提出整改	检修及预防性试验是电容器运行维护的重要环节，是保障电容器安全运行的有效手段，是技术监督工作的重要依据。电容器的检修、试验项目内容和周期应符合标准要求。当规程、规范中有关预防性试验中期存在上下限时，各单位应根据实际情况明确执行具体周期

续表

序号	监督项目	监督要点	监督方法	整改建议	监督项目解析
9.4	检修、试验装备管理	（1）运检装备使用部门应明确装备管理职责，明确专职管理人员，规范装备管理，确保装备始终处于良好状态。 （2）运检装备应定期检查、维护、保养，并做好检查维护保养记录。 （3）带电作业工器具、起重工器具、仪器仪表等应按有关规定，由具备资质的检测机构定期检测、试验合格后方可使用，装备上应有明显的检测试验合格证。 （4）大型、特殊装备或工器具应编制操作手册，特殊装备操作人员应依据有关规定经考核合格后持证上岗。 （5）装备借用应按规定履行必要的借用手续，明确借用时间、使用安全责任等要求。 （6）借用的装备归还时应履行验收手续，确保装备完好后入库。 （7）装备的出入库、校验、归还管理应在PMS中体现，确保随时可查询装备动向	现场检查、查阅仪器仪表检验合格证、相关设备台账等	发现本条款不满足时，及时向运维单位及生产管理部门提出整改	为确保电容器装置检修、试验工作顺利进行，运行单位应配备必要的测试、检验仪器仪表，并严格按相关规定进行规范管理使用。检修、试验装置的管理是检修、试验工作顺利进行的前提条件，若不能规范管理试验检修设备，将无法开展检修试验工作

续表

序号	监督项目	监督要点	监督方法	整改建议	监督项目解析
9.5	反措执行情况	（1）应定期采用不拆连接线的测量方法测量电容器组单台电容器的电容量。对于内熔断器电容器，当电容量减少超过铭牌标注电容量的3%时，应退出运行。对用外熔断器保护的电容器，一旦发现电容量增大超过一个串段击穿所引起的电容量增大，应立即退出运行。 （2）户外用熔断器超过5年应更换。 （3）放电线圈首末端必须与电容器首末端相连接，新安装的放电线圈应采用全密封结构。 （4）电容器组过电压保护用金属氧化物避雷器应安装在紧靠电容器组高压侧入口处位置。 （5）35～66kV并联电容器装置所配置的干式空心串联电抗器采用非叠装的平面布置方式，可采用"一"字或"品"字布置。 （6）10kV并联电容器采用户外布置时，干式空心串联电抗器若采用三相叠装方式，应采取相关措施，以防止小动物或鸟类窜入	查阅PMS和测试记录、排查记录等资料，对电容器装置的反措落实情况进行检查。在现场进行技术监督时，重点对熔断器、放电线圈、避雷器等进行检查	当技术监督人员在查阅PMS、相关资料时及现场检查时，发现有反措条款未落实，应及时将相关情况通知运检部门，督促运维单位及时整改	采用内熔断器的电容器，当实际运行中减容超过3%时，由于内部熔丝熔断，剩下完好的与其并联的电容元件会因容抗升高而承受过电压运行，很容易发生损坏。 户外用熔断器已运行5年以上，根据实际运行观测，由于受风雨、污秽侵蚀，已大批失效，必须进行更换。 应避免放电线圈回路把串联电抗器也包含进去的错误接线方式。 应淘汰非全密封式放电线圈。 只有将电容器组过电压保护用金属氧化物避雷器安装在紧靠电容器组高压侧入口处位置，才能保证电容器组在有效的过电压保护范围内。如果将金属氧化物避雷器接在电源到电容器组进线侧，串联电抗器布置在首端，则加在电抗和容抗上的电动势方向相反，电容器的电压比电源电压高，当出现过电压工况时，避雷器将难以起到限压保护作用

第十节 退役报废阶段

序号	监督项目	监督要点	监督方法	整改建议	监督项目解析
10.1	设备退役报废	电容器设备报废鉴定审批手续应规范: (1)各单位及所属单位发展部在项目可研阶段对拟拆除电容器进行评估论证,在项目可行性研究报告或项目建议书中提出拟拆除电容器报废处置建议。 (2)国网公司总部运检部(整站电容器和原值在2000万元及以上且净值在1000万元级以上的电容器设备)、各单位及所属单位运检部根据项目可研审批权限,在项目可研评审时同步审查拟报废电容器处置建议。 (3)在项目实施过程中,项目管理部门应按照批复的拟报废电容器处置意见,组织实施相关电容器拆除工作。电容器拆除后由运检部门组织开展技术鉴定,确定其留作备品.再利用或报废的处置意见。履行鉴定手续后的保管电容器由物资部门负责后续处置工作	查阅项目可研报告、项目建议书、电容器设备鉴定意见,电容器资产管理相关台账和信息系统,电容器报废处理记录	发现本条款不满足时,及时向运维单位及生产管理部门提出整改	退役报废阶段是指设备完成使用寿命后,退出运行的工作阶段。本阶段技术监督工作由运维检修部门组织技术监督实施单位通过报告检查、台账检查等方式监督并评价设备退役报废处理过程中相关技术标准和预防事故措施的执行情况,对不符合要求的出具技术监督告(预)警单。各级运检部门应组织各级电科院(地市检修分公司)将退役报废阶段的技术监督工作计划和信息及时录入管理系统

序号	监督项目	监督要点	监督方法	整改建议	监督项目解析
10.2	设备退役报废	电容器设备报废信息应及时更新： （1）电容器设备报废时应同步更新 PMS 业务管理系统、ERP 系统信息，确保资产管理各专业系统数据完备准确，保证资产账卡物动态一致。 （2）电容器设备退役后，由资产运维单位（部门）及时进行设备台账信息变更，并通过系统集成同步更新资产状态信息	查阅 PMS 记录	发现本条款不满足时，及时向运维单位及生产管理部门提出整改	退役报废阶段是指设备完成使用寿命后，退出运行的工作阶段。本阶段技术监督工作由运维检修部门组织技术监督实施单位通过报告检查、台账检查等方式监督并评价设备退役报废处理过程中相关技术标准和预防事故措施的执行情况，对不符合要求的出具技术监督告（预）警单。各级运检部门应组织各级电科院（地市检修分公司）将退役报废阶段的技术监督工作计划和信息及时录入管理系统

续表

序号	监督项目	监督要点	监督方法	整改建议	监督项目解析
10.3	设备退役报废	电容器设备在下列情况下，可做报废处理： （1）设备额定电流小于所安装回路的最大负荷电流。 （2）运行日久，其主要结构、机件陈旧，损坏严重，经鉴定再给予大修也不能符合生产要求。或虽然能修复但费用太大，修复后可使用的年限不长，效率不高，在经济上不可行。 （3）腐蚀严重，继续使用将会发生事故，又无法修复。 （4）严重污染环境，无法修治。 （5）淘汰产品，无零配件供应，不能利用和修复。国家规定强制淘汰报废。技术落后不能满足生产需要。 （6）存在严重质量问题或其他原因，不能继续运行。 （7）进口设备不能国产化，无零配件供应，不能修复，无法使用。 （8）因运营方式改变全部或部分拆除，且无法再安装使用。 （9）遭受自然灾害或突发意外事故，导致毁损，无法修复	查阅资料和现场检查，包括电容器退役设备评估报告，抽查1台退役电容器	发现本条款不满足时，及时向运维单位及生产管理部门提出整改	退役报废阶段是指设备完成使用寿命后，退出运行的工作阶段。本阶段技术监督工作由运维检修部门组织技术监督实施单位通过报告检查、台账检查等方式监督并评价设备退役报废处理过程中相关技术标准和预防事故措施的执行情况，对不符合要求的出具技术监督告（预）警单。各级运检部门应组织各级电科院（地市检修分公司）将退役报废阶段的技术监督工作计划和信息及时录入管理系统

续表

序号	监督项目	监督要点	监督方法	整改建议	监督项目解析
10.4	设备退役报废	电容器报废管理管理要求： （1）电容器设备报废应按照公司固定资产管理要求履行相应审批程序，其中公司总部电网资产和整站电容器设备。原值在 2000 万元及以上且净值在 1000 万元及以上的电容器设备报废由公司总部审批，各单位填制固定资产报废审批表并履行内部程序后，上报公司总部办理固定资产报废审批手续。 （2）电容器设备履行报废审批程序后，应按照公司废旧物资处置管理有关规定统一处置，严禁留用或私自变卖，防止废旧设备重新流入电网	查阅资料和现场检查，包括电容器报废处理记录，抽查 1 台退役电容器	发现本条款不满足时，及时向运维单位及生产管理部门提出整改	退役报废阶段是指设备完成使用寿命后，退出运行的工作阶段。本阶段技术监督工作由运维检修部门组织技术监督实施单位通过报告检查、台账检查等方式监督并评价设备退役报废处理过程中相关技术标准和预防事故措施的执行情况，对不符合要求的出具技术监督告（预）警单。各级运检部门应组织各级电科院（地市检修分公司）将退役报废阶段的技术监督工作计划和信息及时录入管理系统

第三章　SVC、SVG 装置

第一节　规划可研阶段

序号	监督项目	监督要点	监督方法	整改建议	监督项目解析
1.1	系统需求	（1）受端系统存在电压不稳定，应在受端系统的枢纽变电站配置动态无功补偿装置。 （2）特高压工程引起部分无功潮流变化较大的线路应装设动态无功补偿装置。 （3）变电站内装设的感性和容性无功补偿设备的容量和型式，应根据电力系统近、远期调相调压、电力系统稳定、电能质量标准的需要选择	查阅可研报告及相关批复、技术经济论证、电网规划	当发现本条款不满足时，应重新核算系统需求，修改工程可研报告或向相关职能部门提出整改建议	对系统存在的电压不稳定、潮流分布不合理、电能质量超标等技术问题的全面分析，是开展静止无功补偿装置针对性功能设计的重要基础和依据。不同的无功补偿型式对稳定电压所起作用不同，不同类型的用户对系统电压的影响及需求均有不同，因此对系统需求的分析决定着无功补偿装置设计选择的合理性。 由于 Q/GDW 212—2008《电力系统无功补偿配置技术原则》现已被 Q/GDW 1212—2015《电力系统无功补偿配置技术导则》替代，根据新标准要求 5.3 节中的要求，监督要点 1 建议删除

序号	监督项目	监督要点	监督方法	整改建议	监督项目解析
1.2	电气参数	为满足系统稳定和电能质量要求而需装设 SVC、SVG 时，应开展技术经济及环境因素综合比较	查阅可研报告、可研审查意见	当发现本条款不满足时，应及时修改工程可研报告或向相关职能部门提出整改建议	SVC 与 SVG 在输出容量、动态响应时间、谐波特性、损耗、占地面积和设备综合造价等方面存在较大差异，方案选择应通过技术经济及环境因素等综合比较确定。对 SVC 与 SVG 装置进行比较，SVC 动态响应时间在 20~40ms 之间，一般情况下造价低、输出容量大、接入电压等级高、装置可靠性较高、损耗可达 0.8%以下。SVG 动态响应时间在 20ms 以内，一般情况下占地面积小、低电压强补能力强。若未在规划可研阶段进行技术经济及环境因素比较，选用具有合适电气参数的无功补偿装置，将增大损耗甚至补偿失败

序号	监督项目	监督要点	监督方法	整改建议	监督项目解析
1.3	容量选择	（1）330kV 及以上电压等级变电站容性无功补偿容量应按照主变压器容量的10%～20%配置，或经过计算后确定。 （2）220kV 变电站的容性无功补偿容量按照主变压器容量的 10%～25%配置或经计算后确定。 （3）35～110kV 变电站容性无功补偿装置的容量按主变压器容量的 15%～30%配置或经计算后确定，并满足主变压器最大负荷时，其高压侧功率因数不低于 0.95	查阅资料的方式，主要包括工程可研报告和相关批复，查看补偿容量是否按照要求，满足相应电压等级变压器容量的正确比例	发现本条款不满足时，应及时修改工程可研报告或向相关职能部门提出整改建议	电力系统配置的无功补偿装置应能保证系统在有功负荷高峰和负荷低谷运行方式下，分（电压）层和分（供电）区的无功平衡。选择合理的无功补偿容量，能有效提高电网的电压稳定性，保证电网电能质量，提高设备的利用率，降低线损和减少用户电费支出。无功补偿容量的选择对功率因数、电网电压、供电质量影响巨大。无功补偿容量的选择原则直接决定着补偿容量的合理性。若容量选择不合理，则无法达到设计目标，增加损耗、浪费投资。 由于 Q/GDW 212—2008《电力系统无功补偿配置技术原则》现已被 Q/GDW 1212—2015《电力系统无功补偿配置技术导则》替代，根据新标准 7.1.1、8.1.1 条、9.1 节的要求，监督要点 2 建议增加高压侧功率因数不低于 0.95 的要求，并且各电压等级变电站容性无功补偿容量配置原则参见 Q/GDW 1212—2015 的表 1、表 2 与附录 A

序号	监督项目	监督要点	监督方法	整改建议	监督项目解析
1.4	安装及接线方式	（1）应确认安装场所的环境状况（海拔高度、环境温度范围、最大稳定风速、污秽等级、雷暴日等），确保装置在此环境下各项运行性能指标达到其额定设计水平。 （2）设备布置相关条件应符合设计标准要求，应保证安全、利于通风散热、便于运行巡视和维护检修。 （3）装置应通过单独的升压变压器或变压器的低压绕组经断路器与系统相连	查阅资料的方式，主要包括工程可研报告和相关批复	当发现本条款不满足时，应及时修改工程可研报告或向相关职能部门提出整改建议	环境因素是开展无功补偿装置设计的重要参考指标，设备布置和接线形式是装置安全运行、散热良好、检修便利的重要保障。只有充分考虑污秽等级、环境温度、海拔、雷暴等环境因素，合理布置设备，才能使装置各项运行性能指标达到相关要求。SVC晶闸管阀和SVG换流装置设计直挂电压范围一般在66kV及以下，对于接入更高电压等级的设备，需采用单独的升压变压器或变压器的低压绕组经断路器与系统相连

第二节 工程设计阶段

序号	监督项目	监督要点	监督方法	整改建议	监督项目解析
2.1	系统条件	（1）供电系统主接线和设备参数以及供电方式、供电设备容量、相关的无功补偿装置及参数应明确。 （2）电网连接点短路容量宜大于10倍连接点上所有装置容量之和，对于低于10倍的电网由供需双方协商特殊设计	查阅工程设计委托书、可研报告、背景谐波测试数据、设计依据、执行标准、设计图纸及其变更单的方式	当发现本条款不满足时，应及时修改工程设计文件或向相关工程审查单位提出建议	供电系统主接线、设备容量、电网连接点短路水平、相关保护定值和背景电能质量参数是SVC和SVG工程功能设计的依据。在设计阶段若未明确各项参数易导致装置性能指标不符合系统需求。对于短路容量不到所有装置容量之和10倍的电源连接点，其电网供电能力过于薄弱，会引起连接点电压的不稳定，需要增加SVC与SVG的补偿容量、缩短动态响应时间

续表

序号	监督项目	监督要点	监督方法	整改建议	监督项目解析
2.2	电力电子元件	SVC： （1）阀元件应根据系统故障和操作引起的最大过电压和过电流进行设计。 （2）阀的设计应考虑阀中晶闸管电压分布不均匀性而留有适当裕度，单相每组晶闸管阀中串联晶闸管级的最小冗余数为 1。 （3）阀的设计应具备防止或耐受误导通的能力。 （4）晶闸管的触发应提供正常触发和强制触发两个独立的触发系统。 SVG： （1）换流链应能承受系统故障和开关操作引起的过电压和过电流冲击。 （2）换流链应具备防止误通或耐受误通的能力。 （3）链节的控制电路设计应能实时监测并上传主功率电力电子元件的工作状态。 （4）在链节内部出现直流过电压、欠电压、电力电子元件过热、过流等故障状态下，保护电路设计应可靠动作	查阅 SVC 阀/SVG 换流链设计方案、电气图纸、结构图纸、产品技术规范书、产品使用说明书、运行维护手册、保护配置方案书以及型式试验报告相关内容的方式	当发现本条款不满足时，应及时修改工程设计文件或向相关工程审查单位提出建议	晶闸管阀/换流装置是 SVC/SVG 的核心元件，其结构设计和控制保护系统的功能设计直接影响着 SVC 和 SVG 的运行可靠性。应对电力电子元件的裕度、耐受性、均压、控制保护及触发系统等提出具体设计要求。若电力电子元件的耐受性不满足要求，将直接导致器件损坏、补偿失败。在 SVC 晶闸管触发回路上对其晶闸管两端电压进行监测，以防止在非正常触发区间内误触发。在 SVG 换流模块内对上下桥臂上的 IGBT 触发进行互锁，以防止上下桥臂直通，引起支撑电容短路。 　由于《国家电网有限公司十八项电网重大反事故措施（2018 年修订版）及编制说明》中新增"10 防止动态无功补偿装置损坏事故"章，应依据反措 10.4.1.5 款中要求，新增 SVG 监督要点 5：SVG 装置在功率模块选型时，IGBT 模块阻断电压（U_{CES}）应大于功率模块关断过电压、额定直流电压及电压最大波动之和

序号	监督项目	监督要点	监督方法	整改建议	监督项目解析
2.3	冷却系统	水冷却系统： （1）应提供两台循环泵，一台运行，一台备用。 （2）每个水—风热交换器应至少有一个备用风机。 风冷却系统： （3）风机、空气滤清器设计应有冗余，其中一台设备故障时，冷却系统应仍能工作（SVG 设备）。 （4）动态无功补偿装置水冷系统散热设计应考虑极端温度运行环境下满载输出的散热要求。 （5）在低温地区，动态无功补偿装置水冷系统应考虑防冻设计。 （6）新投运 SVG 装置应采用全封闭空调制冷或全封闭水冷散热方式	查阅冷却系统的设计方案、使用说明书、运行维护手册、型式试验报告、施工图纸的方式，重点关注冷却系统的冗余度是否满足上述监督条款要求	当发现本条款不满足时，应及时修改工程设计文件或向相关工程审查单位提出建议	水冷系统是保证 SVC 及 SVG 在最高、最低环境温度及各元件最大、最小无功输出情况下，整体系统可靠运行的关键，其设备冗余度、冷却容量、自动控制及切换功能等设计参数是决定性指标。若水冷系统冗余度、冷却容量的设计不合理，将导致系统故障、板卡烧毁等。 由于《国家电网有限公司十八项电网重大反事故措施（2018 年修订版）及编制说明》中新增"10 防止动态无功补偿装置损坏事故"章，依据 10.4.10～10.4.1.12 的要求新增监督要点（4）～（6）

序号	监督项目	监督要点	监督方法	整改建议	监督项目解析
2.4	谐波及谐振校验	应评估在 SVC、SVG 考核点和（或）公共连接点处的谐波水平，包含以下内容： （1）在规定的系统运行条件下（包括最大和最小系统电压水平）无功补偿装置的最大和最小无功功率输出。 （2）在系统电压不平衡和触发角不平衡的情况下产生的非特征谐波。 （3）可能产生的谐振过电压（SVC）。 （4）校核滤波器元件的安全裕度（SVC）	查阅背景谐波测试报告、谐波评估报告、可研及设计方案中谐波及谐振相关内容	当发现本条款不满足时，应及时修改工程设计文件或向相关工程审查单位提出建议	SVG 的最大和最小无功输出与连接点系统电压成正比，SVC 的最大和最小无功输出与连接点电压的平方成正比。当系统电压不平衡或触发角不平衡时，SVC 将向系统注入三次等非特征谐波。静止无功补偿装置的设计应避免与其他无功补偿支路及系统电源侧产生谐振，确保相关系统谐波电压畸变率及谐波电流在允许范围内。若未进行谐波及谐振校验即投运静止无功补偿设备，可能会引起系统电压畸变、滤波电容器谐振过电压等问题

序号	监督项目	监督要点	监督方法	整改建议	监督项目解析
2.5	过电压设计	雷电和操作过电压、工频过电压、母线故障、晶闸管、换流链及成套装置故障计算设计应按规程执行	查阅可研及设计方案中系统过电压保护设计书、设备绝缘配合报告的方式	当发现本条款不满足时,应及时修改工程设计文件或向相关工程审查单位提出建议	静止无功补偿装置应开展雷电过电压、操作过电压、系统故障时的工频过电压计算,以确保相关暂态过电压及绝缘配合符合规程要求。若未开展过电压设计,将不能保证在装置和系统故障情况下静止无功补偿装置的正常运行

序号	监督项目	监督要点	监督方法	整改建议	监督项目解析
2.6	动态特性设计	（1）系统故障和操作时对 SVC、SVG 稳定性能应无影响。 （2）SVC、SVG 的保护和保护配合应满足系统要求。 （3）应对 SVC、SVG 控制和邻近的其他控制系统之间的相互作用进行评估。 （4）应进行 SVC、SVG 启动、停机及其他操作对系统的影响分析。 （5）SVC、SVG 系统响应时间和控制响应时间应满足可靠动作要求	查阅设计方案、使用说明书、保护整定书、控制策略报告、控保装置型式试验报告的方式	当发现本条款不满足时，应及时修改工程设计文件或向相关工程审查单位提出建议	SVC、SVG 动态特性设计研究是抑制系统功率振荡和次同步谐振，以及装置稳定运行的重要环节。 动态特性的控制策略设计决定了系统的稳定性、与相邻其他控制系统的协调性、保护配合合理性，确保不发生动态无功补偿设备间或其与系统间的相互振荡

续表

序号	监督项目	监督要点	监督方法	整改建议	监督项目解析
2.7	控制保护系统	（1）控制系统应具备就地和远方两种操作方式。 （2）无功补偿装置回路严禁设置自动重合闸。 （3）阀元件应装设完善的过电压、过电流保护和触发回路的抗干扰措施。 （4）阀触发用的电源必须备有电压监视装置。 （5）应装设反映阀元件冷却系统故障的保护装置。当冷却系统故障，不能保障阀元件有效冷却时，应瞬时退出整套装置。 （6）SVG应装设冗余链节不足保护，当链节故障时，装置应动作于旁路，当超过冗余个数链节故障时，装置应动作于跳闸。 （7）对链节内部直流电容器、功率半导体器件等部件的故障及异常运行，应设直流过电压保护、功率半导体器件过流保护、功率半导体器件过温保护等相应保护	查阅控制保护系统设计提资、设计方案、控制保护策略分析报告、控制保护系统原理接线图、软件设计说明的方式	当发现本条款不满足时，应及时修改工程设计文件或向相关工程审查单位提出建议	控制保护系统是集成调节控制、保护、监控为一体的专用系统，是确保装置稳定运行和有效控制的核心单元。所有保护与供电系统应充分配合避免拒动和误动，故障时装置及元件应能安全投退；装置启动停止、自动调节、顺序控制等功能应准确无误；能够对装置及其子系统（装置电源、水冷系统等）的运行状态信息进行全面的监视。若控制保护系统功能设计不完善，将导致静止无功补偿装置运行可靠性降低甚至故障

序号	监督项目	监督要点	监督方法	整改建议	监督项目解析
2.8	电能质量评估	（1）应对静止无功补偿装置在最严重运行情况下引起的电压畸变和谐波电流值做出评价，包括非特征谐波的影响，应合理选择谐波滤波器的电气参数。 （2）谐波补偿控制（如有）。SVG 应能在补偿能力范围内，根据可设置的电网目标点谐波限值和控制策略，实时监测跟踪电网目标点谐波变化输出相应谐波补偿电流，谐波补偿电流最高不小于 13 次。 （3）不平衡补偿控制（如有）。SVG 应能在补偿能力范围内，根据可设置的电网目标点电压或电流不平衡度限值和控制策略，实时监测跟踪电网目标点不平衡度变化输出相应不平衡补偿电流	查阅设计图纸及其变更单、电能质量评估报告	当发现本条款不满足时，应及时修改工程设计文件或向相关工程审查单位提出建议	在工程设计阶段应对静止无功补偿装置在系统小方式运行情况下，引起的连接点的电压畸变和谐波电流值做出评价。应合理设计 SVC 装置中的滤波器参数，以保证良好的滤波效果。 对于 SVG 设备应能对其补偿效果进行监测，确保接入电网电能质量符合国家标准要求

续表

序号	监督项目	监督要点	监督方法	整改建议	监督项目解析
2.9	损耗评估	（1）SVC 总损耗不宜超过额定输出容量的 1%。 （2）SVG 总损耗不应大于额定输出容量的 1.5%	查阅资料 SVC、SVG 的损耗评估报告、型式试验报告	当发现本条款不满足时，应及时修改工程设计文件或向相关工程审查单位提出建议	为降低 SVC、SVG 的运行费用，在设计选型时，应充分考虑其损耗特性，并对 SVC、SVG 装置的损耗进行评估。对于 SVC、SVG 的关键运行点，不管是否通过电流，运行中的 SVC、SVG 部件或连接部件的损耗均应该被计算在内。SVC 总损耗不宜超过额定输出容量的 1%，SVG 总损耗不应大于额定输出容量的 1.5%

第三节　设备采购阶段

序号	监督项目	监督要点	监督方法	整改建议	监督项目解析
3.1	设备型式试验报告管理	产品应具有合格、有效的型式试验报告	查阅型式试验报告	当发现本条款不满足时，应及时向厂家索要有效的型式试验报告、出厂试验报告以及能说明该产品性能的试验报告	设备试验报告是产品符合设备采购要求的重要证明资料，后期设备制造、设备验收、设备调试等阶段的技术监督工作均需参考报告信息。若设备试验报告提供情况不符合要求，会影响后期产品质量校核、设备调试、运维检修工作的开展

续表

序号	监督项目	监督要点	监督方法	整改建议	监督项目解析
3.2	SVC 晶闸管阀、SVG 换流链	SVC 晶闸管： （1）单相每组晶闸管阀中串联晶闸管级的最小冗余数为1。 （2）阀应具备防止或耐受误导通的能力。 （3）晶闸管的触发应能提供正常触发和强制触发两个独立的触发系统。 SVG 换流链： （1）换流链应能承受系统故障和开关操作引起的过电压和过电流冲击。 （2）换流链应具备防止误触发和耐受误触发的能力。 （3）每相换流链的冗余链节数量应不少于一个	查阅招投标文件、供货合同	当发现本条款不满足时，应及时向厂家提出整改要求	晶闸管阀/换流链是 SVC/SVG 最重要的元件之一，应在采购阶段对晶闸管阀（换流链）的裕度、元件耐受性、触发系统参数进行查验，确保元器件满足设计要求，在源端把控系统本质安全。SVC 晶闸管阀、SVG 换流链在实际工程中出现故障的几率也较大，若选择不合理将直接影响系统安全

续表

序号	监督项目	监督要点	监督方法	整改建议	监督项目解析
3.3	断路器	用于无功补偿装置的总断路器，应具有投切其所连接的全部无功补偿装置最大输出电流和短路电流的能力	查阅招投标文件、供货合同	当发现本条款不满足时，应及时向厂家提出整改要求	总断路器额定电流、最大容性遮断容量、峰值耐受电流等参数的选择应能满足装置全工况运行条件。SVC和SVG总断路器的容性最大遮断容量应大于其额定容量，SVC滤波支路断路器容性最大遮断容量应大于滤波器额定容量。若总断路器相关参数选择不合理，将可能导致断路器烧损或无法迅速切断故障异常设备，甚至越级跳闸扩大事故范围

续表

序号	监督项目	监督要点	监督方法	整改建议	监督项目解析
3.4	避雷器	SVC： （1）避雷器应选用无间隙金属氧化物避雷器。 （2）避雷器的额定电压应为正常运行线电压的上限以及系统单相接地引起的工频电压升高，并留有一定裕度。 SVG： （1）链式 STATCOM 的避雷器宜选用无间隙金属氧化物避雷器。 （2）避雷器的通流容量应满足设计要求	查阅招投标文件、供货合同	当发现本条款不满足时，应及时向厂家提出整改要求	避雷器的过电压保护水平应满足 SVC/SVG 在系统各种情况下出现的最高电压。避雷器的通流容量应满足设计要求，而金属氧化锌避雷器具有良好的非线性特性，通流容量大、残压低、响应快、性能稳定，在电力系统中应用广泛。若避雷器配置不满足要求，则不能有效保护电气设备

序号	监督项目	监督要点	监督方法	整改建议	监督项目解析
3.5	专用/接口变压器	SVC： （1）变压器应能输出 100%的无功电流，其设计铁芯磁通密度应低于一般用途的变压器。 （2）变压器能耐受正常谐波电流。 SVG： （1）在链式 STATCOM 各种正常运行条件下，接口变压器应能承受相关的谐波电流及持续电压，并且不对其寿命产生影响。 （2）变压器应具备承受与 STATCOM 设计相适应的直流电流能力	查阅招投标文件、供货合同	当发现本条款不满足时，应及时向厂家提出整改要求	若采用降压型接线方式，SVC、SVG 装置配置的专用/接口变压器应能承受相关的谐波和无功电流、持续电压，并且不对其寿命产生影响，具有承受一定水平直流分量的能力。若专用/接口变压器铁芯磁通密度过高，将不能保证变压器输出额定的无功电流

序号	监督项目	监督要点	监督方法	整改建议	监督项目解析
3.6	电抗器	SVC： （1）电抗器容量应根据 SVC 的动态无功补偿容量，考虑晶闸管阀的导通角以及流经的谐波电流和过载能力。 （2）感抗偏差：每相总电抗值偏差应在±3%以内，三相之间偏差应在 2%以内。 SVG： （1）接口电抗器额定电流应按换流链回路最大可能工作电流选择。 （2）每相总电抗值偏差应在±3%以内，三相之间偏差应在 2%以内	查阅招投标文件、供货合同	当发现本条款不满足时，应及时向厂家提出整改要求	SVC 装置的感性无功补偿容量与晶闸管触发角选择密切相关。SVG 装置接口电抗器的过载能力较弱，其额定电流应满足最大工况电流。 SVC 装置相控电抗器容量选择若不考虑晶闸管触发角因素影响，实际补偿容量将无法达到设计要求

序号	监督项目	监督要点	监督方法	整改建议	监督项目解析
3.7	电容器组	（1）电容器承受的长期过电压不应超过其额定电压的 1.1 倍。 （2）电容器组每相电容值误差应不超过设计值±5%，三相间偏差不超过 2%。 （3）电容器组的设计应避免与其他静止无功补偿支路及系统电源侧产生谐振	查阅招投标文件、供货合同	当发现本条款不满足时，应及时向厂家提出整改要求	SVC 装置滤波电容器组额定电压的选择应考虑系统最高运行电压、谐波、串联电抗器、谐振等因素。电容器组的容量应经过设计校核，否则易加剧系统三相电压不平衡或与系统其他支路产生谐振

续表

序号	监督项目	监督要点	监督方法	整改建议	监督项目解析
3.8	冷却系统	水冷却系统： （1）应提供两台循环泵，一台运行，一台备用。 （2）每个水—风热交换器是否至少有一个备用风机。 风冷却系统： 风机、空气滤清器设计应有冗余，其中一台设备故障时，冷却系统应仍能工作	查阅招投标文件、供货合同	当发现本条款不满足时，应及时向厂家提出整改要求	冷却系统是保证晶闸管（换流链）可靠运行的重要设备，运行中出现故障的几率也较大。应在采购阶段对冷却系统循环泵、风机、空气滤清器等参数及数量进行查验，确保满足设计及功能要求。若冷却系统参数及冗余度得不到保证，将影响设备运行可靠性

序号	监督项目	监督要点	监督方法	整改建议	监督项目解析
3.9	控制保护与监测系统	（1）控制系统应具备计算、自动调节、监视、保护、通信、启动/停止顺序控制、文件记录等功能。 （2）控制系统应具备就地和远方两种操作方式。 （3）控制系统应具备必要的表计和监控显示。 （4）保护系统具有可靠性、选择性、灵活性和速动性，保护定值和延时的选择应与上级保护配合，防止越级动作	查阅招投标文件、供货合同	当发现本条款不满足时，应及时向厂家提出整改要求	保护系统的可靠性、选择性、灵活性和速动性应满足静止无功补偿装置的整体要求。控制系统应能实现对无功补偿装置可靠、合理、完善的监视、测量、控制、防误及远动功能。控制保护系统是 SVC、SVG 实现稳定响应控制、运行方式切换、设备状态监视、故障异常预警及切除、防误操作等功能的重要基础

续表

序号	监督项目	监督要点	监督方法	整改建议	监督项目解析
3.10	故障录波设备	（1）具备事件的监视与记录，即顺序事件记录（SER）功能，包括内部和外部事件，分辨率为 1ms 或更高。 （2）应具备暂态故障记录功能（TFR 功能）	查阅招投标文件、供货合同	当发现本条款不满足时，应及时向厂家提出整改要求	故障录波系统是开展设备调试、故障异常分析、系统优化的必备工具。其分辨率和采样周期是决定事故追忆准确度的重要因素

序号	监督项目	监督要点	监督方法	整改建议	监督项目解析
3.11	电能质量	当装置不进行谐波补偿时,装置输出 0.1 倍额定电流的总谐波含量应小于 5%,装置输出 0.5 倍额定电流的总谐波含量应小于 3%,装置输出额定电流的总谐波含量应小于 2%	查阅出厂试验报告、招投标文件、供货合同	当发现本条款不满足时,应及时向厂家提出整改要求	装置输出电流的谐波含量是检验系统滤波器和控制系统是否合理的重要指标。若总谐波含量不满足要求,将无法保证装置接入系统后电能质量满足标准要求

续表

序号	监督项目	监督要点	监督方法	整改建议	监督项目解析
3.12	噪声	（1）SVC 室外噪声不大于 65dB。 （2）SVG 连续噪声水平不大于 85dB；断路器的非连续噪声水平，屋内不宜大于 90dB，屋外不应大于 110dB	查阅型式试验报告、招投标文件、供货合同	当发现本条款不满足时，应及时向厂家提出整改要求	噪声水平应满足环保标准要求，同时噪声也会对设备造成干扰，因此必须规定静止无功补偿装置所在地和周围地区不同位置的可接受的噪声水平。SVC 室外噪声不大于 65dB。SVG 连续噪声水平不大于 85dB。若不满足将对周围环境造成干扰且无法通过环保部门审批

第四节　设备制造阶段

序号	监督项目	监督要点	监督方法	整改建议	监督项目解析
4.1	设备监造工作	（1）监造工作应有监造方案和监造计划。 （2）停工待检（H点）、现场见证（W点）、文件见证（R点）管控到位，记录详尽。 （3）监理通知单实现闭环管理，无遗留问题。 （4）应全面落实设备供货合同和设计联络文件的要求。 （5）监造报告完整，相关资料收集齐全	根据订货合同、监造合同、监造协议以及相关标准，履行设备监造的职责，对监造的各个阶段（监造点）进行监督，以保障SVG、SVG设备的制造质量。如果SVC、SVG设备监造不到位，则SVC、SVG设备性能和技术经济指标无法保障，甚至会影响设备的安全稳定运行	当发现监造文件不规范或不完整时，应及时向监理单位提出监督意见和建议	SVC、SVG设备监造能够保证设备质量与进度，保证设备制造厂履行设备订货合同，各项技术指标达到预期要求，可见设备监造比较重要，因此对该条款提出监督要求。SVC、SVG监造工作应由具有丰富工程经验并熟悉产品性能的专业技术人员负责

序号	监督项目	监督要点	监督方法	整改建议	监督项目解析
4.2	阀组、换流链	SVC 晶闸管阀、SVG 换流链需有检验合格报告和国家认可的第三方专业试验室出具的型式试验报告	查阅 SVC、SVG 的出厂检验报告和型式试验报告	当设备厂家无法提供型式试验报告和出厂检验报告，或其中的技术指标不符合相关标准或技术规范书时，应及时向设备厂提出整改意见	晶闸管阀（换流链）是静止无功补偿装置中最重要的功能单元，也是整个补偿装置中最复杂、最薄弱的环节，在实际工程中出现故障的几率最大，晶闸管阀（换流链）出现任何技术问题都将直接影响系统的安全稳定运行。型式试验是为了验证 SVC 晶闸管阀、SVG 换流链能否满足技术规范的全部要求所进行的试验，只有通过型式试验，SVC 晶闸管阀、SVG 换流链才能正式投入生产，型式试验只在同类型产品上进行一次性试验。出厂检验是对每套晶闸管阀（换流链）在出厂前必须要做的检验项目，出厂试验合格的产品才允许出厂。因此，型式试验报告和出厂检验报告是每套晶闸管阀（换流链）产品制造阶段必须提供的技术资料

序号	监督项目	监督要点	监督方法	整改建议	监督项目解析
4.3	冷却系统调试	（1）冷却装置各部件应安装端正、整齐，无明显偏差、松动现象。 （2）水冷却系统各项出厂试验应合格	现场查看冷却系统外观，查阅出厂试验报告、供货合同	当发现技术条款不满足时，应及时与制造厂沟通整改，直至合格	晶闸管和 IGBT 分别是 SVC 和 SVG 的功率器件，功率器件在工作过程中产生的各种损耗，使晶闸管和 IGBT 的结温升高。如果没有冷却系统将功率器件的热量带走，功率器件必然会因为过热而损坏，因此冷却系统必不可少。冷却系统调试相关的主要工作内容是外观检查和出厂试验报告检查。外观检查可以直观检查冷却装置的缺陷，而出厂试验报告检查可以检查冷却装置性能和技术参数是否满足相关标准和技术协议的要求

序号	监督项目	监督要点	监督方法	整改建议	监督项目解析
4.4	其他一次设备	电抗器、电容器、放电线圈、电压互感器、电流互感器、断路器、隔离开关、避雷器、变压器等一次设备有检验合格报告并符合相应质量技术要求。其中断路器额定电流及短路电流容量应满足装置的使用要求。电容器及其串联电抗器、放电线圈、电缆经试验合格，容量符合设计要求	查阅出厂试验报告、供货合同，监督过程中应特别注意以下内容：断路器开断容性电流能力是否满足电容器支路要求；电容器及其串联电抗器、放电线圈、电缆容量应符合设计要求	当发现本条款不满足时，应及时向厂家反馈由厂家负责整改直至各项指标均合格	技术监督的主要内容是查看产品的质量保证书、型式试验报告、出厂试验报告、产品合格证等证明文件，确保所配置一次设备满足设计要求。SVC、SVG装置包含多种一次设备，这些一次设备同样是成套装置稳定运行不可或缺的组成部分。一次设备如果存在质量问题或者性能缺陷，将直接影响SVC、SVG装置的安全稳定运行，甚至会使装置无法工作，因此在设备制造阶段应该对SVC、SVG其他一次设备进行技术监督

续表

序号	监督项目	监督要点	监督方法	整改建议	监督项目解析
4.5	控制板卡	（1）材料使用、试组装、焊接质量等满足 GB 11920—2008《电站电气部分集中控制设备及系统通用技术条件》、GB/T 14598.27—2017《量度继电器和保护装置　第27部分：产品安全要求》等标准要求。 （2）满足电磁兼容的要求	现场抽查控制板卡焊接质量，查阅出厂试验报告、供货合同	当发现本条款不满足时，应及时与厂家沟通进行整改，直至合格	控制板卡是实现无功补偿控制策略的基础，在设备制造阶段应确保其工艺质量。SVC、SVG 装置的控制板卡应具有可靠的稳定性设计和牢固的连接和安装，以免因振动、冲击、碰撞而倾倒或脱落。同时满足电磁兼容要求，确保控制系统不会出现误动、拒动、死机等现象

第五节 设备验收阶段

序号	监督项目	监督要点	监督方法	整改建议	监督项目解析
5.1	SVC、SVG设备监造报告	监造工作计划、监造报告齐全、完整，内容满足监造大纲及合同要求	查阅监造大纲，监造报告、合同	当发现本条款不满足时，应及时与厂家沟通进行原因分析，制定整改方案，整改后再进行出厂验收，直至监造报告合格	设备验收阶段是指设备在制造厂完成生产后，在现场安装前进行验收的工作阶段，包括出厂验收和现场验收。出厂验收阶段应监督设备制造工艺、装置性能、检测报告等是否满足订货合同、设计图纸、相关标准和招投标文件要求，而这些均在设备监造报告中有所体现。设备监造报告包括产品结构叙述、监造内容、方式、要求和结果，并如实反映产品制造过程中出现的问题及处理的方法和结果等，若监造报告内容不符合要求，说明制造阶段存在需整改问题

序号	监督项目	监督要点	监督方法	整改建议	监督项目解析
5.2	出厂试验报告	晶闸管阀、换流链、电抗器、避雷器、连接变压器、电容器等设备出厂试验报告齐全、完整，试验结果应合格	查阅出厂试验报告、组附件检测报告、设计图纸、供货合同、供货单、产品合格证书	当发现本条款不满足时，应及时与设备制造厂沟通进行原因分析，制定整改方案，整改后再进行出厂试验，直至试验报告合格	设备验收阶段是指设备在制造厂完成生产后，在现场安装前进行验收的工作阶段，包括出厂验收和现场验收。出厂验收通过试验见证、报告审查、项目抽检等方式监督并评价设备制造工艺、装置性能、检测报告等是否满足订货合同、设计图纸、相关标准和招投标文件要求。规范晶闸管阀、换流链、电抗器、避雷器、连接变压器、电容器等设备的出厂试验报告验收，可有效地保证设备出厂时的安全可靠，避免交接出现问题后返厂的麻烦

续表

序号	监督项目	监督要点	监督方法	整改建议	监督项目解析
5.3	SVC、SVG设备现场验收	核对设备技术参数和数量应与供货合同、设计要求一致	核对设备技术参数和数量应与供货合同、设计要求一致，资料完整	当发现本条款不满足时，应及时与厂家沟通进行原因分析，制定整改方案，整改后再进行到货资料的验收，直至各项资料齐全、合格	设备验收阶段是指设备在制造厂完成生产后，在现场安装前进行验收的工作阶段，包括出厂验收和现场验收。现场验收阶段应监督设备供货单与供货合同及实物一致性等。规范设备现场验收管理，是设备安全可靠投入运行的必要保证。设备现场验收是处在生产和安装的过渡过程，做好设备的到货验收工作，可以有效防止三个脱节，即设备生产与安装、使用、维修阶段的管理脱节，因此应该充分认识到 SVC、SVG 设备现场验收工作的重要性和复杂性

续表

序号	监督项目	监督要点	监督方法	整改建议	监督项目解析
5.4	SVC晶闸管阀、SVG换流链试验	SVC: （1）检查均压/阻尼回路的参数（电阻值和电容值），确保电压在串联晶闸管上分布均匀。 （2）晶闸管级应能承受阀所设计的最大电压值。 （3）晶闸管级的触发应正常。 SVG: （1）链节应能输出换流链所规定的相应电压。 （2）链节的功率半导体器件触发应正确。 （3）周期触发和熄灭试验中，链节应具备对开通和关断瞬间重复性电压和电流应力的耐受能力	查阅出厂试验报告	当发现本条款不满足时，应及时与厂家沟通进行原因分析，制定整改方案，整改后再进行出厂试验，直至试验报告合格	晶闸管阀/换流链是 SVC/SVG 的核心元件，在设备验收阶段应对其出厂试验项目进行重点检查，试验是否合格直接影响着 SVC 和 SVG 的运行可靠性。晶闸管阀/换流链对 SVC/SVG 设备运行可靠性至关重要，其试验项目的检查是现场验收的重要环节

续表

序号	监督项目	监督要点	监督方法	整改建议	监督项目解析
5.5	冷却系统试验	（1）水冷系统压力试验、水力性能试验、控制及保护性能试验、连续运行试验、仪器仪表试验等各项出厂试验应合格。 （2）水压试验中，对水冷装置的所有管路施加设计压力的 1.2～1.5 倍水压，保持 1h 小时，各管路应无破裂或漏水现象。 （3）气压试验中，如缓冲水箱为气压罐体，应进行密封性试验：施加工作压力 1.5～2 倍的气压保持 12h，压力变化应不大于初始气压的 5%	查阅出厂试验报告	当发现本条款不满足时，应及时与厂家沟通进行原因分析，制定整改方案，整改后再进行出厂试验，直至各项试验数据合格	水冷系统是保证 SVC 及 SVG 在最高、最低环境温度及各元件最大、最小无功输出情况下，可靠运行的关键单元。冷却系统试验报告是冷却系统技术性能符合要求的重要证明资料。因此在设备验收阶段提出本条款，对水冷系统试验报告进行监督检查。冷却系统是保证晶闸管（换流链）可靠运行的重要设备，运行中出现故障的几率也较大，若冷却系统出现故障，SVC、SVG 设备将被迫退出运行

序号	监督项目	监督要点	监督方法	整改建议	监督项目解析
5.6	介电强度试验	阀的绝缘电阻验证、工频耐压试验、雷电冲击试验、换流链端间交流电压试验按 DL/T 1216—2013《配电网静止同步补偿装置技术规范》、DL/T 1010.2—2006《高压静止无功补偿装置 第 2 部分：晶闸管试验》及订货合同或协议执行	查阅出厂试验报告、型式试验报告	当发现出厂试验报告、型式试验报告的试验结果不满足要求时，应及时与厂家沟通进行原因分析，制定整改方案。整改后再进行试验，直至介电强度试验数据合格	晶闸管阀/换流装置是 SVC/SVG 的核心元件，对其进行介电强度试验可考验晶闸管阀/换流装置耐受电压水平等。因此在设备验收阶段可重点检查介电强度试验项目。介电强度试验是考察晶闸管/换流装置耐受电压水平的试验项目，若试验不合格，说明其绝缘强度不合格

序号	监督项目	监督要点	监督方法	整改建议	监督项目解析
5.7	保护试验	保护装置在整定范围内应能正常动作且保护动作值与保护定值间误差小于±5%，试验次数不少于 3 次	查阅控保系统出厂检验报告	当发现本条款不满足时，应及时与厂家沟通进行原因分析，制定整改方案，整改后再进行试验，直至各项试验数据合格	保护装置是确保一次设备安全运行的关键，保护试验可验证保护是否符合四性要求，并实现保护配合。若保护试验不合格或未进行保护试验，无法实现装置的安全运行

续表

序号	监督项目	监督要点	监督方法	整改建议	监督项目解析
5.8	控制系统仿真试验	应用于输电网的 SVC/SVG 应按照标准要求或商定的调节控制要求，进行物理动模或实时数字仿真试验	查阅物理动模或实时数字仿真试验报告	当发现本条款不满足时，应及时与厂家沟通进行原因分析，制定整改方案，整改后再进行试验，直至各项试验数据合格	采用计算机进行仿真，可验证控制系统的调节特性，有效验证静止无功补偿装置在电网正常和故障状态下的调节控制特性是否符合设计要求，并达到设计指标，因此在设备验收阶段重点检查控制系统仿真试验项目。通过控制系统仿真试验来验证控制策略的有效性，是实现无功补偿装置能够正确工作的前提条件。若控制系统仿真试验不合格，将无法验证其补偿效果是否满足设计要求

第六节 设备安装阶段

序号	监督项目	监督要点	监督方法	整改建议	监督项目解析
6.1	SVC、SVG设备安装质量管理	（1）应制定相关施工方案。 （2）对重要工艺环节开展安装质量抽检。 （3）安装单位及人员资质、工艺控制资料、安装过程应符合相关规定	查阅安装单位资质证明、安装作业指导书、安装记录卡、抽检报告	当发现本条款不满足时，应及时与施工单位、设备运维单位沟通，进行原因分析，制定整改方案。整改后再进行设备安装，直至各项验收满足要求	设备安装阶段是指设备在完成验收工作后，在现场进行安装的工作阶段。本阶段技术监督工作由各级基建部门组织技术监督实施单位通过查阅资料、现场抽查、抽检等方式监督，并评价安装单位及人员资质、工艺控制资料、安装过程是否符合相关规定。对重要工艺环节开展安装质量抽检，对不符合要求的出具监督告（预）警单。SVC、SVG装置应遵守相关安装规程，开展安装质量管理工作。对施工单位、施工方案及重要工艺环节进行检查是确保安装过程符合规程要求的重要措施。若资质不满足，无合理施工方案，关键环节抽检不合格，将无法确保安装可靠性

序号	监督项目	监督要点	监督方法	整改建议	监督项目解析
6.2	SVC 晶闸管阀、SVG 换流链安装检查	（1）接线正确、可靠，螺栓连接紧固、无松动。 （2）元件无损坏、渗漏、积尘。 （3）内部的空气间隙和爬电距离应足够，绝缘子表面无裂纹	对 SVC 晶闸管阀、SVG 换流链进行全面检查	当发现本条款不满足时，应及时与厂家沟通进行原因分析，制定整改方案，整改后再进行 SVC 晶闸管阀、SVG 换流链安装验收，直至各项验收满足要求	SVC 晶闸管阀、SVG 换流链分别是 SVC 和 SVG 装置的核心功能单元，由于 SVC 晶闸管阀、SVG 换流链属于阀组的电力电子器件，安装技术难度大，对安装环境要求严格，现场工作人员必须具有充足的安装经验，严格遵守现场安装施工作业规范与规程

序号	监督项目	监督要点	监督方法	整改建议	监督项目解析
6.3	冷却系统安装检验	（1）冷却系统相关设施安装完善性与正确性应与检验单、图表、图纸及说明书相符。 （2）应核对冷却介质和易耗品（如冷却水、过滤器、去离子树脂等）的完整性和质量。 （3）冷却设备安装检验后进行管路冲洗，直至在过滤器里没有杂质颗粒残留为止，水冷却系统第一次注入的水质（如pH值等）应进行跟踪	现场检查冷却系统安装情况，查阅设计图纸、说明书、检验单、安装作业指导书	当发现本条款不满足时，应及时与厂家沟通进行原因分析，制定整改方案。整改后再进行冷却系统安装验收，直至各项验收满足要求	水冷系统是保证SVC及SVG在最高、最低环境温度及各元件最大、最小无功输出情况下可靠运行的关键单元。对冷却系统进行安装检验、易耗品核对、管路冲洗是确保冷却系统安装后正常工作的前提，因此在设备安装阶段提出本条款，对水冷系统安装检查进行监督。若冷却系统相关设施安装不完善、冷却水水质不满足要求，将影响设备运行可靠性

第七节 设备调试阶段

序号	监督项目	监督要点	监督方法	整改建议	监督项目解析
7.1	晶闸管阀、换流链试验	（1）SVC阀基电子单元、晶闸管电子电路和光纤、冷却回路、接触电阻、阀定压机构、电路阻抗、接口的检查，阀的低压触发与监测试验应满足 DL/T 1010.4—2006《高压静止无功补偿装置 第4部分 现场试验》及调试方案要求。 （2）SVG外观及连接检查、链节内电气检查、光纤检查应满足 DL/T 1215.4—2013《链式静止同步补偿器 第4部分：现场试验》及调试方案要求	查阅调试方案、调试记录、调试报告	当发现本条款不满足时，应及时向厂家提出整改要求，补充相关试验	作为静止无功补偿装置的核心单元，晶闸管阀（换流链）的单个设备安装检查完成后，应逐一检验所有设备端子间相互连接的正确性和可靠性，并在低电压工作情况下进行触发与监测试验。为了确保静止无功补偿装置主电路带电调试成功，需在主电路带电前对装置各个子系统进行检查及试验，应根据 DL/T 1010.4—2006 和 DL/T 1215.4—2013 开展阀的低压触发与监测试验等相关试验。确保晶闸管阀（换流链）各装置连接的正确性及可靠性，确保阀触发成功，是静止无功补偿装置投运的前提条件之一。若晶闸管阀（换流链）的调试未满足要求，整个补偿系统将不能正常带电工作

续表

序号	监督项目	监督要点	监督方法	整改建议	监督项目解析
7.2	冷却设备试验	（1）SVC 阀冷设备电源、辅助设备、去离子器、热交换器、绝缘强度、可触及金属部分接地电阻、控制与保护性能、管路耐压与密封性、连续运行等检查试验应满足 DL/T 1010.4—2006 及调试方案要求。 （2）SVG 冷却设备安装检验、冷却设备管路清洗、冷却设备电源检查、冷却辅助设备检查、水泵及风机检查、去离子器检查、表计检查、热交换器检查、绝缘试验、连通性检查及接地电阻测量应满足 DL/T 1215.4—2013 及调试方案要求	开展本条目监督，查阅调试方案、调试记录、调试报告	当发现本条款不满足时，应及时向厂家提出整改要求，补充相关试验	水冷系统是保证 SVC 及 SVG 在最高、最低环境温度及各元件最大、最小无功输出情况下，可靠运行的关键单元。SVC 水冷系统试验的内容包括绝缘强度试验、可触及金属部分接地电阻测量、控制与保护性能试验、管路耐压与密封性试验和连续运行试验等。SVG 水冷系统试验的内容包括绝缘试验、连通性检查和接地电阻测量等。冷却系统是保证晶闸管（换流链）装置可靠运行的重要设备，运行中出现故障的几率也较大。若冷却系统调试不合格，将直接影响设备运行可靠性

序号	监督项目	监督要点	监督方法	整改建议	监督项目解析
7.3	常规一次设备试验	应按标准对 SVC、SVG 装置内的常规设备进行试验	查阅调试方案、调试记录、调试报告	当发现本条款不满足时，应及时向厂家提出整改要求，补充相关试验	SVC、SVG 装置均包含多项常规设备，应进行常规一次设备试验。SVC 装置内常规设备包括变压器、隔离开关和接地开关、断路器、互感器、放电装置、熔断器、避雷器、电容器、电抗器、电阻器、辅助电源、穿墙套管、绝缘子、母线、电缆（动力和控制的）及加热、通风、空调等设备。常规设备的防火和监测系统也应得到检验。SVG 常规设备包括无特殊要求的断路器、隔离开关、电压互感器、电流互感器、连接电抗器和/或变压器、电力电容器、避雷器、支撑绝缘子等。SVC、SVG 装置均包含多项常规设备，应进行常规一次设备试验。若试验不合格或未进行试验，将影响整个系统可靠性

序号	监督项目	监督要点	监督方法	整改建议	监督项目解析
7.4	系统调试试验	SVC、SVG 的通电试验、运行和性能试验（包括远方投切及调整）以及试运行应满足设计文件、经过审定的系统调试方案及 DL/T 1010.4—2006 的要求	查阅调试方案、调试记录、调试报告	当发现本条款不满足时，应及时向厂家提出整改要求，补充相关试验	系统调试试验是验证静止无功补偿装置性能的系列试验，通过系统调试试验可验证系统的无功功率输出、电压特性、负荷无功功率补偿特性、满负荷状态下温升状况、备用设备性能、系统损耗等是否满足设计值。系统调试试验包括通电试验，运行和性能试验，试运行。通过系统调试试验可验证系统的无功功率输出、电压特性、负荷无功功率补偿特性、满负荷状态下温升状况、备用设备性能、系统损耗等是否满足设计值。系统调试试验是验证静止无功补偿装置动作行为准确性的试验，若系统调试试验不合格，将导致装置设计功能无法实现

续表

序号	监督项目	监督要点	监督方法	整改建议	监督项目解析
7.5	保护控制试验	（1）保护装置在整定范围内应能正常动作且保护动作定值与保护定值间误差小于±5%，试验次数不少于 3 次。 （2）监控系统应能实现对变电站可靠、合理、完善的监视、测量、控制，并具备遥测、遥调、遥控等全部的远动功能，具有与调度通信中心计算机系统交换信息的能力	查阅调试方案、调试报告	当发现本条款不满足时，应及时向厂家提出整改要求，补充相关试验	为了确保 SVC、SVG 装置得到全面检查，应对装置进行保护控制试验，确保控制系统稳定性、触发回路相位关系正确性、阀及换流链故障警报可靠性等得到满足。SVC、SVG 装置保护控制试验保证任何安装或试验前的错误都能以最小的设备损坏风险检查出来。若保护控制试验不合格或未进行保护控制试验，直接通全电压，将可能造成设备损坏

第八节 竣工验收阶段

序号	监督项目	监督要点	监督方法	整改建议	监督项目解析
8.1	竣工验收准备工作	（1）提交的资料文件应齐全、完整。 （2）前期各阶段发现的问题应整改完毕并验收合格。 （3）备品备件应齐全，资料及交接记录应完整。 （4）施工单位应进行过三级自验收（包括班组、项目部、施工单位验收）并合格。 （5）查验系统调试试验（或交接验收试验）的试验报告（包括消缺工作相关记录）	查阅技术文件、相关资料和报告	当发现本条款不满足时，应及时向厂家及运维单位、运维管理单位提出整改要求，补充相关资料	前期各阶段技术监督过程中发现问题的整改落实情况，均需在竣工验收阶段进行检查，确保设备安全可靠运行。若前期问题未整改、备品备件未齐全、验收未合格，将影响静止无功补偿装置运行可靠性，甚至引起装置及系统故障

序号	监督项目	监督要点	监督方法	整改建议	监督项目解析
8.2	阀体、换流链及冷却系统产品检验	SVC 检查： （1）阀各元件应能够承受规定的最大电压。 （2）每个晶闸管级的辅助设备（例如监控、保护电路）、整个阀体（或某阀组件）的公共辅助设施功能应正常。 （3）晶闸管级对触发信号应有正确的响应。 SVG 检查： （1）SVG 换流链链节内电气检查应满足标准要求。 （2）光纤、冷却设备电源及冷却辅助设备应满足标准要求。 （3）水泵及风机（只适用于水冷却系统）旋转方向、启动和运行电流、噪声应满足标准要求。 （4）去离子器（只适用于水冷却系统）出口冷却剂电阻率应大于 3MΩ·cm	查阅调试试验报告	当发现本条款不满足时，应及时向厂家及运维单位、运维管理单位提出整改要求	作为 SVC、SVG 的核心元件，晶闸管阀和换流链的产品检验应全部合格，竣工验收阶段需确认安装、试验均满足标准要求，才能确保装置可靠运行。晶闸管阀（换流链）是静止无功补偿装置中最重要的元件之一，在实际工程中出现故障的概率也较大，若不合格将直接影响系统安全

序号	监督项目	监督要点	监督方法	整改建议	监督项目解析
8.3	静态（稳态）试验	（1）SVC、SVG 应按照验收试验流程以及合同要求，进行静态试验验收。 （2）SVC 静态试验应包括控制功能试验、负载试验、备用系统功能试验。 （3）SVG 静态试验应包括启停试验、连续运行范围试验、电压特性试验、无功补偿特性试验、备用设备试验	查阅调试试验报告	当发现本条款不满足时，应及时向厂家提出整改要求，补充相关试验	静态（稳态）试验是检验装置控制功能、备用系统功能以及无功补偿特性的验收试验，在竣工验收阶段进行静态（稳态）试验是监督装置功能是否完备的有效手段。静态（稳态）试验可以在系统带电情况下检验系统功能，若静态（稳态）试验不合格，装置将无法通过验收

续表

序号	监督项目	监督要点	监督方法	整改建议	监督项目解析
8.4	动态试验	（1）SVC、SVG 应按照验收试验流程以及合同的要求，进行动态试验验收。 （2）SVC 在最小短路水平时不应失去稳定，而在最大短路水平时保持良好的响应。 （3）SVG 在并网点电压骤升、骤降补偿模式下，阶跃响应时间不大于 10ms，稳定时间不大于 30ms	查阅调试试验报告	当发现本条款不满足时，应及时向厂家提出整改要求，补充相关试验	动态试验是通过对系统施加扰动去检验静止无功补偿装置性能。通过动态试验可评估静止无功补偿装置的响应速度。SVC、SVG 应按照验收试验流程以及合同的要求，进行动态试验验收。SVC 在最小短路水平时不应失去稳定，而在最大短路水平时保持良好的响应。SVG 在并网点电压骤升、骤降补偿模式下，阶跃响应时间不大于 10ms，稳定时间不大于 30ms。若动态试验不符合要求，装置将不能通过验收

序号	监督项目	监督要点	监督方法	整改建议	监督项目解析
8.5	电能质量测试	（1）SVC、SVG 应按照验收试验流程以及合同的要求，进行电能质量试验验收。电能质量测试应包括谐波测试。 （2）SVG 不进行谐波补偿时，装置输出 0.1 倍额定电流的总谐波含量应小于 5%，装置输出 0.5 倍额定电流的总谐波含量应小于 3%，装置输出额定电流的总谐波含量应小于 2%	查阅电能质量测试报告	当发现本条款不满足时，应及时向厂家提出整改要求，补充相关试验	应对系统的电能质量进行测试，检验电能质量是否符合国家标准。SVC、SVG 应按照验收试验流程以及合同的要求，进行电能质量试验验收。电能质量测试应包括谐波测试。SVG 不进行谐波补偿时，装置输出 0.1 倍额定电流的总谐波含量应小于 5%，装置输出 0.5 倍额定电流的总谐波含量应小于 3%，装置输出额定电流的总谐波含量应小于 2%。应根据国家标准及合同要求对装置进行电能质量测试，若未进行或测试不合格，将无法保证装置接入系统后电能质量满足标准要求

序号	监督项目	监督要点	监督方法	整改建议	监督项目解析
8.6	功率因数测试	装置应能在控制范围内，根据可设置的电网目标点功率因数限值和控制策略，实时监测跟踪电网目标点功率因数变化输出相应无功电流	查阅功率因数测试报告	当发现本条款不满足时，应及时向厂家提出整改要求，补充相关试验	功率因数测试结果直接验证了静止无功补偿装置恒功率因数控制的能力。功率因数是衡量用电效率的关键参数，SVG 装置应具备动态补偿功率因数能力，若功率因数测试不满足要求，将影响其补偿系统的电能质量

续表

序号	监督项目	监督要点	监督方法	整改建议	监督项目解析
8.7	噪声	（1）SVC室外噪声不大于65dB。 （2）SVG连续噪声水平不大于85dB；断路器的非连续噪声水平，屋内不宜大于90dB，屋外不应大于110dB	查阅噪声监测报告	当发现本条款不满足时，应及时向厂家提出整改要求	噪声水平应满足环保标准要求，同时噪声也会对设备造成干扰，因此必须规定静止无功补偿装置所在地和周围地区不同位置的可接受的噪声水平。SVC室外噪声不大于65dB。SVG连续噪声水平不大于85dB；断路器的非连续噪声水平，屋内不宜大于90dB，屋外不应大于110dB。静止无功补偿装置的噪声水平应满足环保标准要求，若不满足将对周围环境造成干扰

续表

序号	监督项目	监督要点	监督方法	整改建议	监督项目解析
8.8	电磁辐射	静止无功补偿装置正常运行时工作人员需进入的地方，磁场强度应低于 2mT	查阅型式试验报告	当发现本条款不满足时，应及时向厂家提出整改要求	目前国内尚未对工作人员的安全磁场强度做出相应的规定，但为确保职业人员安全，参照国际规程，对中国静止无功系统工作人员的安全磁场强度做出要求。静止无功补偿装置正常运行时工作人员需进入的地方，磁场强度应低于 2mT

第九节 运维检修阶段

序号	监督项目	监督要点	监督方法	整改建议	监督项目解析
9.1	运行维护（SVC、SVG）	（1）运行单位应定期对 SVC、SVG 各设备进行红外测温，并利用停电机会进行清扫、维修检查、消除缺陷。 （2）SVC、SVG 设备运行记录应包括调度运行记录、设备巡检记录、运行异常情况记录（断路器跳闸、出口短路、设备发热、过负荷等）、缺陷发现处理记录以及缺陷分析、故障技术分析、继电保护整定执行等形成的记录和报告，相关内容应齐全	查阅技术资料、红外测温记录、缺陷记录、现场运行记录	当发现本条款不满足时，及时向运维单位及生产管理部门提出整改	静止无功补偿装置结构复杂，包含通用一次设备及特殊设备，且由于设备对温度、环境要求较高，在运行维护过程中需要建立健全完善的管理制度并严格执行。运行单位应定期对敞开式的 SVC、SVG 各设备进行红外测温，并利用停电机会进行清扫、维修检查、消除缺陷。SVC、SVG 设备运行记录应包括调度运行记录、设备巡检记录、运行异常情况记录（断路器跳闸、出口短路、设备发热、过负荷等）、缺陷发现处理记录以及缺陷分析、故障技术分析、装置本体继电保护整定执行情况、调度下达的继电保护整定执行情况等形成的记录和报告，相关内容应齐全。静止无功补偿装置结构复杂、维护要求较高，若在日常运维工作中不能严格管理、勤于维护，将导致设备缺陷较难消除

序号	监督项目	监督要点	监督方法	整改建议	监督项目解析
9.2	运行维护（SVC）	（1）投入采用水冷却的 SVC 时，应确保水冷系统已正常运行（水冷系统运行 1h 以上无告警、跳闸），严禁不带水冷系统投 TCR（TSC）支路。 （2）SVC 控制目标应按调控的要求设定。 （3）晶闸管阀每年应进行一次统一维护，应测量每对晶闸管级两端的正反向电阻，观察应无突变或单方向改变的趋势；阻尼电容器应无膨胀、泄漏现象。 （4）SVC 运行期间，严禁开启晶闸管阀围栏门，晶闸管阀的维护必须在停电后进行。 （5）更换 TE 板时，应采取防静电措施。 （6）控制保护系统的整定值应与定值通知单相符并记在操作记录中	查阅技术资料、运行资料、定值通知单和档案	当发现本条款不满足时，及时向运维单位及生产管理部门提出整改	为确保 SVC 装置及其电气设备安全、可靠的运行，变电站的电气运行或工作人员应加强对 SVC 装置的定期巡视、周期维护和检查。及时发现运行中的装置异常现象，预防 SVC 发生故障或将故障的危害降到最低。SVC 装置结构复杂、维护要求较高，若在日常运维工作中不能严格管理、勤于维护，将导致设备缺陷较难消除

序号	监督项目	监督要点	监督方法	整改建议	监督项目解析
9.3	运行维护（SVG）	（1）换流链运行时各电气连接点温度小于＋70℃，功率半导体器件壳体温度小于厂家规定值。 （2）监控系统中央信号应指示正确、显示数据正常，人机界面屏仪表应指示正常，就地工作站屏幕应显示正常，显示数据与仪表相符。 （3）换流链投运时冷却系统应正常运行，换流链短时停运时冷却系统应仍循环。 （4）水冷却方式链式 STATCOM 水机运转正常，各项参数在正常范围内，水循环管路无渗漏，水机室温度范围在＋5～＋35℃，相对湿度不大于60%	查阅技术资料、运行资料、定值通知单和档案	当发现本条款不满足时，及时向运维单位及生产管理部门提出整改	为确保 SVG 装置及其电气设备安全、可靠的运行，变电站的电气运行或工作人员应加强对 SVG 装置的定期巡视、周期维护和检查。及时发现运行中的装置异常现象，预防 SVG 发生故障或将故障的危害降到最低。SVG 装置结构复杂、维护要求较高，若在日常运维工作中不能严格管理、勤于维护，将导致设备缺陷较难消除

续表

序号	监督项目	监督要点	监督方法	整改建议	监督项目解析
9.4	异常及故障处理（SVC）	（1）BOD 保护动作次数超出设计允许值、晶闸管阀短路故障跳闸、TE 板故障跳闸、晶闸管故障跳闸、阻尼电容故障跳闸时，应立即退出 SVC 装置，并记录监控系统信号、确认故障位置并上报。 （2）冷却水流量超低压跳闸、冷却水进阀压力超低跳闸、冷却水电阻率超低跳闸、水冷系统动力电源故障跳闸、缓冲罐液位超低跳闸时，应立即退出 SVC 装置，同时检查主备循环泵及管路，查找故障点，做相应处理。 （3）单套配置的控制保护系统发生电源掉电故障跳闸、CPU 故障跳闸、阀基电子单元输出脉冲丢失故障、SVC 连接点电压同步信号丢失故障跳闸、保护单元本身故障发出闭锁信号时，应立即退出整套 SVC 装置，通知继电保护检修人员处理；双套控制保护系统发生上述故障时，应立即退出已发生故障的控制保护系统	查阅缺陷记录、事故分析报告、应急抢修记录	当发现本条款不满足时，及时向运维单位及生产管理部门提出整改	为确保 SVC 装置及其电气设备安全、可靠的运行，及时发现运行中的装置异常现象，尤其是水冷系统、阀体及控制系统的异常现象，并进行紧急故障处理，是预防 SVC 发生故障或将故障的危害降到最低。SVC 装置水冷系统、阀体、控制系统结构复杂，若在日常运维工作中不能及时地处理异常状况，将导致设备发生严重故障

序号	监督项目	监督要点	监督方法	整改建议	监督项目解析
9.5	异常及故障处理（SVG）	（1）调换换流链受损元件前，必须停用换流链电气回路，闭合换流链室内接地开关或加挂接地线。 （2）直流电容器等储能元件必须充分放电并验电。 （3）链节故障数量接近或达到冗余度时，应及时做检修计划，修复链节。 （4）控制保护监测系统发出报警信号后应监测报警信息或巡视，对报警信号产生原因分析处理。 （5）在水冷方式链式STATCOM发生漏水时，应根据漏水部位、程度等判断紧急性并做出相关处理。 （6）在水冷方式链式STATCOM水流量（主循环、副循环）、水温（进水、出水）、压力等参数发生异常时应及时分析并按照异常情况的程度做出相应处理。 （7）同组多台高频开关整流器故障时，应立即停运装置	查阅缺陷记录、事故分析报告、应急抢修记录	当发现本条款不满足时，及时向运维单位及生产管理部门提出整改	为确保SVG装置及其电气设备安全、可靠的运行，及时发现运行中的装置异常现象，并进行紧急故障处理，是预防SVG发生故障或将故障的危害降到最低。SVG装置水冷系统、阀体、控制系统结构复杂，若在日常运维工作中不能及时地处理异常状况，将导致设备发生严重故障

序号	监督项目	监督要点	监督方法	整改建议	监督项目解析
9.6	状态评价（SVC、SVG）	运行单位应根据要求开展 SVC、SVG 设备状态评价（含风险评估和检修决策），包括设备定期评价和设备动态评价。根据 SVC、SVG 运行实际制定下年度设备状态检修计划，集中组织开展 SVC、SVG 设备状态评价、风险评估和检修决策工作；同时开展新设备首次评价，缺陷评价、不良工况评价、检修评价、特殊时期专项评价	查阅相关试验报告及评价报告	当发现本条款不满足时，及时向运维单位及生产管理部门提出整改	为了规范和有效的开展 SVC、SVG 设备状态检修工作，应对 SVC、SVG 装置开展例行试验与状态评价工作，运行单位应根据要求开展 SVC、SVG 设备状态评价（含风险评估和检修决策），包括设备定期评价和设备动态评价。根据 SVC、SVG 运行实际制定下年度设备状态检修计划，集中组织开展 SVC、SVG 设备状态评价、风险评估和检修决策工作；同时开展新设备首次评价，缺陷评价、不良工况评价、检修评价、特殊时期专项评价。若不能规范、有效地开展该工作，静止无功补偿装置将难以同常规设备保持同样的可靠性，影响系统的稳定运行

续表

序号	监督项目	监督要点	监督方法	整改建议	监督项目解析
9.7	状态评价周期（SVC、SVG）	状态评价工作时限应符合要求：新投运设备应在 1 个月内组织开展首次状态评价工作；运行缺陷评价随缺陷处理流程完成；家族性缺陷评价在上级家族性缺陷发布后 2 周内完成；不良工况评价在设备经受不良工况后 1 周内完成；检修（A、B、C 类检修）评价在检修工作完成后 2 周内完成；重大保电活动专项评价应在活动开始前至少提前 2 个月完成；电网迎峰度夏、度冬专项评价原则上在 4 月底和 9 月底前完成	查阅状态评价及相关试验报告	当发现本条款不满足时，及时向运维单位及生产管理部门提出整改	为了规范和有效的开展 SVC、SVG 设备状态检修工作，应对 SVC、SVG 装置开展状态评价工作，状态评价工作时限应符合要求

序号	监督项目	监督要点	监督方法	整改建议	监督项目解析
9.8	检修试验（SVC）	SVC 的检修、试验项目内容和周期应符合标准要求： （1）按周期（1 年）进行晶闸管阀阻尼电阻测试，采用 500V 或 1000V 绝缘电阻表测试，测量偏差小于 2%。 （2）按周期（1 年）检查阻尼电容外观，应无膨胀、泄漏。 （3）按周期（大修时）进行晶闸管阀阻尼电容测试，绝缘试验电压为 1000V，容值测量的偏差小于 5%。 （4）按周期（大修时）进行晶闸管阀阻值测量，测量值的偏差小于 5%。 （5）按周期（大修时）进行晶闸管阀对地绝缘试验，绝缘电阻采用 2500V 绝缘电阻表测试。 （6）按周期（大修时）进行晶闸管阀冷却系统绝缘试验，采用 2500V 绝缘电阻表，带电部件与地（外壳）之间的绝缘电阻不低于 10MΩ，带电部件与地（外壳）之间应能承受 2000V 的工频试验电压，持续时间为 1min。 （7）按周期（半年）检测氮气瓶压力，采用准确级 1 级气体压力计，残余压力不小于整定压力的 2 倍	查阅试验报告	发现本条款不满足时，及时向运维单位及生产管理部门提出整改	检修及预防性试验是 SVC 运行维护的重要环节，是保障 SVC 安全运行的有效手段，是技术监督工作的重要依据。SVC 的检修、试验项目内容和周期应符合标准要求。当规程、规范中有关预防性试验中期存在上下限时，各单位应根据实际情况明确执行具体周期

序号	监督项目	监督要点	监督方法	整改建议	监督项目解析
9.9	检修试验（SVG）	SVG 的检修、试验项目内容和周期应符合标准要求： （1）按周期（1 年）进行换流链电气连接、机械连接检查，所有螺栓连接紧固无松动，链节间连接电阻小于 20μΩ。 （2）按周期（1 年）进行链节检查，表面应清洁无积尘，无过热、变色、氧化、裂痕、明显形变。 （3）按周期（1～3 年）对换流链对地绝缘电阻进行测量，用 2500V 绝缘电阻表测量，不小于 500MΩ；对支柱绝缘子绝缘电阻进行测量，采用 2500V 及以上绝缘电阻表测量，应大于 2000MΩ。 （4）按周期（1～3 年）进行换流链对地交流耐压试验、换流链端间交流耐压试验，均按出厂试验要求值的 80%进行，并应通过。 （5）按周期（1 年）进行水系统气密性检查，增加水系统压力到额定压力 1.2 倍并保持 2h 无渗漏。 （6）按周期（大修后、必要时）进行泵和风机噪声测量，无异常响动和振动，测量值与前次测量值相近，不大于 10%。 （7）按周期（1 年、大修后、必要时）检查主泵和备用泵的切换启动，主泵失去电源后，备用泵能自动启动	查阅试验报告	发现本条款不满足时，及时向运维单位及生产管理部门提出整改	检修及预防性试验是 SVG 运行维护的重要环节，是保障 SVG 安全运行的有效手段，是技术监督工作的重要依据。SVG 的检修、试验项目内容和周期应符合标准要求。当规程、规范中有关预防性试验周期存在上下限时，各单位应根据实际情况明确执行具体周期

序号	监督项目	监督要点	监督方法	整改建议	监督项目解析
9.10	检修、试验装备管理	（1）运行单位应配备必要的测试、检验仪器仪表，以保证 SVC、SVG 检修、试验工作的顺利进行。 （2）测试、检验仪器仪表应严格按相关规定进行规范管理和使用，其合格证、校验标签、使用说明书应齐全、有效，保证仪器仪表使用的安全性、准确性和可靠性。 （3）各单位应定期将仪器仪表送到有检定资质的单位进行检定与校核，校验超周期者不得使用。 （4）大型特殊装备或工器具应编制操作手册，特殊装备操作人员应根据有关规定经考核合格后持证上岗。 （5）装备借用应按规定履行必要的借用手续，明确借用时间、使用安全责任等要求。 （6）借用的装备归还时，应履行验收手续，确保装备完好后入库。 （7）装备的出入库、校验、归还管理应在 PMS 中体现，确保随时可查询装备动向	现场检查、查阅仪器仪表检验合格证、相关设备台账等	发现本条款不满足时，及时向运维单位及生产管理部门提出整改	为确保 SVC、SVG 装置检修、试验工作顺利进行，运行单位应配备必要的测试、检验仪器仪表，并严格按相关规定进行规范管理使用。检修、试验装置的管理是检修、试验工作顺利进行的前提条件，若不能规范管理试验检修设备，将无法开展检修试验工作

续表

序号	监督项目	监督要点	监督方法	整改建议	监督项目解析
9.11	噪声	（1）SVC 室外噪声不大于 65dB。 （2）SVG 连续噪声水平不大于 85dB；断路器的非连续噪声水平，屋内不宜大于 90dB，屋外不应大于 110dB	查阅噪声监测报告	发现本条款不满足时，及时向制造厂、运维单位及生产管理部门提出整改	噪声水平应满足环保标准要求，同时噪声也会对设备造成干扰，因此必须规定静止无功补偿装置所在地和周围地区不同位置的可接受的噪声水平。SVC 室外噪声不大于 65dB。SVG 连续噪声水平不大于 85dB；断路器的非连续噪声水平，屋内不宜大于 90dB，屋外不应大于 110dB。静止无功补偿装置的噪声水平应满足环保标准要求，若不满足将对周围环境造成干扰

续表

序号	监督项目	监督要点	监督方法	整改建议	监督项目解析
9.12	电磁辐射	静止无功补偿装置正常运行时工作人员需进入的地方，磁场强度应低于 2mT	查阅电磁辐射检测报告	发现本条款不满足时，及时向制造厂、运维单位及生产管理部门提出整改	目前国内尚未对工作人员的安全磁场强度做出相应的规定，但为确保职业人员安全，参照国际规程，对中国静止无功系统工作人员的安全磁场强度提出要求。静止无功补偿装置正常运行时工作人员需进入的地方，磁场强度应低于 2mT

第十节　退役报废阶段

序号	监督项目	监督要点	监督方法	整改建议	监督项目解析
10.1	设备退役转备品	（1）项目可研报告、项目建议书、SVC/SVG设备鉴定意见应齐全。 （2）PMS系统中设备退役相关文件应齐全。 （3）退役设备台账、退役设备定期试验记录应齐全、备品设备存储条件应符合要求。 （4）SVC/SVG备品台账和再利用记录应齐全	查阅项目可研报告、项目建议书、SVC/SVG设备鉴定意见，退役设备台账、退役设备定期试验记录，SVC/SVG备品台账和再利用记录	发现本条款不满足时，及时向运维单位及生产管理部门提出整改	退役报废阶段是指设备完成使用寿命后，退出运行的工作阶段。本阶段技术监督工作由运维检修部门组织技术监督实施单位通过报告检查、台账检查等方式监督并评价设备退役报废处理过程中，相关技术标准和预防事故措施的执行情况，对不符合要求的出具技术监督告（预）警单。各级运检部门应组织各级电科院（地市检修分公司），将退役报废阶段的技术监督工作计划和信息及时录入管理系统

续表

序号	监督项目	监督要点	监督方法	整改建议	监督项目解析
10.2	设备退役报废	（1）项目可研报告、项目建议书、SVC/SVG 设备鉴定意见应齐全。 （2）SVC/SVG 资产管理相关台账和信息应齐全。 （3）SVC/SVG 报废处理记录应齐全	查阅项目可研报告、项目建议书、SVC/SVG 设备鉴定意见，SVC/SVG 资产管理相关台账和信息系统，SVC/SVG 报废处理记录	发现本条款不满足时，及时向运维单位及生产管理部门提出整改	退役报废阶段是指设备完成使用寿命后，退出运行的工作阶段。本阶段技术监督工作由运维检修部门组织技术监督实施单位通过报告检查、台账检查等方式监督并评价设备退役报废处理过程中，相关技术标准和预防事故措施的执行情况，对不符合要求的出具技术监督告（预）警单。各级运检部门应组织各级电科院（地市检修分公司）将退役报废阶段的技术监督工作计划和信息及时录入管理系统

第四章　串联补偿装置

第一节　规划可研阶段

序号	监督项目	监督要点	监督方法	整改建议	监督项目解析
1.1	基本参数选择	应根据应用目标，通过潮流计算、稳定分析和经济比较分析，确定装设串补装置的类型、安装地点、串补度和额定电流等基本参数	采用查阅资料的方式，主要包括工程可研报告和相关批复，查看报告中有无串补装置的类型、安装地点、串补度和额定电流参数，记录是否有潮流计算及稳定分析	当发现本条款不满足时，应及时通知设计部门，进行补充参数计算研究	规划可研阶段应根据功能要求确定串补装置的类型（固定串补或可控串补）、安装地点、满足负荷及稳定性要求的串补度及额定电流等，这些参数要根据潮流计算及稳定计算，确定并且直接影响串补装置的其他设计

序号	监督项目	监督要点	监督方法	整改建议	监督项目解析
1.2	系统过电压研究	系统过电压研究应包括下列内容： （1）系统最大工频过电压水平。 （2）系统最大操作过电压水平。 （3）系统最大潜供电流水平。 （4）线路两端断路器的暂态恢复电压水平。 （5）对串补线路高压电抗器及中性点小电抗器的绝缘校核。 （6）MOV容量要求。 （7）可能存在的次同步谐振风险及其防范措施	采用查阅资料的方式，主要包括工程可研报告和相关批复，查看报告中系统过电压计算是否全面	当发现本条款不满足时，应及时通知设计部门，进行补充计算研究	串联补偿装置接入电力系统，即线路上串入容抗后，对容抗首末端及沿线路的过电压水平、线路潜供电流、开关的暂态恢复电压等都有一定影响，并决定了后续串联补偿设备及线路其他设备的绝缘选型。因此提出本条避免规划可研阶段出现过电压计算项目不全的情况。该条中每一个的过电压计算项目均对串联补偿装置及线路上其他设备的选型至关重要，若未进行计算可能存在设备绝缘水平不足的风险

序号	监督项目	监督要点	监督方法	整改建议	监督项目解析
1.3	次同步谐振计算	当汽轮发电机组送出系统装设串联补偿装置时，应分析 SSR 对装置选型与串补度的影响	可采用查阅资料的方式，主要包括工程可研报告和相关批复，查看报告中有无对汽轮机组送出系统加装串补的项目进行了 SSR 分析	当发现本条款不满足时，应及时通知设计部门，进行次同步谐振补充计算研究	汽轮机组送出系统装设串联补偿装置时，系统可能存在 50Hz 以下的次同步振荡风险，导致汽轮机组大轴疲劳振动受损，甚至断裂。因此在汽轮机组送出系统装设串联补偿装置时，应进行次同步振荡风险的分析

第二节　工程设计阶段

序号	监督项目	监督要点	监督方法	整改建议	监督项目解析
2.1	串联补偿装置相对位置	串联补偿装置安装在线路首末端时，应综合论述串联补偿装置和线路高压电抗器的相对位置	采用查阅资料的方式，主要包括工程设计文件，查看文件中是否有串联补偿装置相对位置的论述	当发现本条款不满足时，应及时通知设计部门，进行串联补偿装置相对位置的补充计算校核	串联补偿装置相对线路高压电抗器的安装位置直接影响整条线路沿线的过电压情况，因此应对串联补偿装置的相对位置进行计算校核，通过经济技术比较，给出合理的安装位置

续表

序号	监督项目	监督要点	监督方法	整改建议	监督项目解析
2.2	故障顺序性能	（1）串联补偿装置的设计应满足规定的故障顺序性能要求。 （2）应通过对电力系统区内外故障、暂态过载、短时过载和持续运行等顺序事件进行校核，验证串联补偿装置的耐受能力	采用查阅资料的方式，主要包括工程设计文件，查看文件中故障顺序性能是否满足系统设计要求，并查阅文件中是否有按故障顺序时间校核串联补偿装置耐受能力的内容	当发现本条款不满足时，应及时通知设计部门，进行故障顺序性能补充研究	当串联补偿装置所在线路发生单相接地、两相接地等故障时，线路断路器及串联补偿装置的火花间隙、旁路开关应根据线路故障类型、故障位置（区内/区外故障）及是否重合闸在规定时间内做出正确动作，并应保证在规定的故障动作时序下，串联补偿装置的任何元部件不应损坏。故障顺序性能决定了串联补偿装置及其所在线路断路器在各种故障下的动作顺序及动作时限，对系统过电压、稳定性及串联补偿装置的耐受能力都至关重要

序号	监督项目	监督要点	监督方法	整改建议	监督项目解析
2.3	外绝缘	（1）外绝缘（统一爬电比距）应满足当地最新污秽等级的要求。 （2）中重污区的外绝缘配置宜采用硅橡胶类防污闪产品	采用查阅资料的方式，主要包括工程设计文件，查看文件中对串补设备外绝缘参数是否满足要求	当发现本条款不满足时，应及时通知设计部门，更改外绝缘设计，以满足污区要求	复合外套（硅橡胶）绝缘具有良好的防污闪性能，因此在中重度污染区域宜采用硅橡胶类防污闪产品

序号	监督项目	监督要点	监督方法	整改建议	监督项目解析
2.4	串联电容器	（1）应采用双套管结构。 （2）电容器组接线宜采用先串后并的接线方式	采用查阅资料的方式，主要包括工程设计文件，查看文件中对于电容器的要求是否为双套管结构，是否为先串后并的接线	当发现本条款不满足时，应及时通知设计部门，更改串联电容器设计内容	串补电容器有单套管和双套管结构，单套管结构电容器发生极对壳短路时即发生极间短路，形成很大的短路能量。此时当电容器组采用多个单元直接并联的结构时，其他电容器单元会对该电容器放电，放量巨大，可能使电容器爆炸起火

续表

序号	监督项目	监督要点	监督方法	整改建议	监督项目解析
2.5	金属氧化物限压器	（1）金属氧化物限压器（MOV）热备用容量裕度应不小于10%，且220～500kV串联补偿装置MOV热备用应每相至少装一只，1000kV串联补偿装置热备用每个平台应不少于3个MOV单元。 （2）MOV的能耗计算应考虑系统发生区内和区外故障（包括单相接地故障、两相短路故障、两相接地故障和三相接地故障）以及故障后线路摇摆电流流过MOV过程中积累的能量，还应计及线路保护的动作时间与重合闸时间对MOV能量积累的影响	采用查阅资料的方式，主要包括工程设计文件，查看设计文件中冗余数多少及是否满足要求，是否进行了MOV能耗计算	当发现本条款不满足时，应及时通知设计部门，进行MOV能量计算，并增加冗余数量	串联补偿装置的MOV起到过电压保护泄放故障电流的作用，因此设计阶段需要对其容量进行各种工况下的校核计算。MOV运行时需要一定的容量裕度，且MOV出厂需要进行严格的配平试验。当MOV冗余不足时，串联补偿装置必须停运，且需要对整个平台MOV进行更换，严重影响系统安全稳定。因此标准规定在投运时，MOV应有一定的热备用容量。MOV冗余越多越好，但经过经济性分析，标准规定了最低的冗余要求。《国家电网有限公司十八项电网重大反事故措施（2018年修订版）及编制说明》提出了220～1000kV串联补偿装置MOV热备用每个平台均不应小于3个单元的要求

续表

序号	监督项目	监督要点	监督方法	整改建议	监督项目解析
2.6	火花间隙	（1）火花间隙的强迫（可靠）触发电压应不高 1.8p.u.。 （2）220～500kV 串联补偿装置间隙自触发电压应不低于保护水平的 1.05 倍，1000kV 串联补偿装置应不低于 1.1 倍	采用查阅资料的方式，主要包括工程设计文件，查看设计文件中火花间隙强迫触发电压大小及自触发电压大小	当发现本条款不满足时，应及时通知设计部门，对火花间隙强迫触发电压和自触发电压进行重新设计	串联补偿装置的火花间隙是过电压保护设备之一，主要是对 MOV 能量过高时的保护，在过电压 1.8p.u.的水平下要保证火花间隙能够正确击穿（1.8p.u.取自保护水平的 0.8 倍左右），将过大的能量释放。而在串联补偿装置正常运行时，要保证火花间隙不会无故自击穿，因此其自放电电压要高于保护水平

序号	监督项目	监督要点	监督方法	整改建议	监督项目解析
2.7	阻尼装置	（1）阻尼装置应能将电容器组放电电流限制在电容器组、旁路开关和间隙的耐受能力范围内。 （2）电容器的放电电流（峰值）应小于电容器额定电流的 100 倍。 （3）放电电流的幅值和放电频率的乘积不宜超过 100kA·kHz。 （4）阻尼装置应能承受线路故障电流和电容器组放电电流的联合作用，且具有足够的机械强度和电稳定性	采用查阅资料的方式，主要包括工程设计文件，查看设计文件中对阻尼装置放电电流和承受电流的能力是否满足要求	当发现本条款不满足时，应及时通知设计部门，对阻尼装置的阻尼电感、阻尼电阻进行重新设计	串补装置的阻尼装置作用是防止火花间隙或旁路开关动作时电容器组被直接短路，因此阻尼装置要限制电容器组、火花间隙及旁路开关的放电电流。同时阻尼装置本身也要承受该放电电流。火花间隙或旁路开关动作一般是在系统短路的过程中，因此阻尼装置还要同时承受系统短路电流。阻尼装置的放电电流限制能力能够保证其他设备在短路故障下不受损害，且其故障承受能力要求应更高，若其自身损坏更无法保证其他设备安全

序号	监督项目	监督要点	监督方法	整改建议	监督项目解析
2.8	旁路开关	旁路开关应能承受合闸涌流、工频短路电流与电容器高频放电电流的联合作用	采用查阅资料的方式，主要包括工程设计文件，查看设计文件中对旁路开关的承受电流能力是否满足要求	当发现本条款不满足时，应及时通知设计部门，更改旁路开关设计要求	与其他开关不同，串联补偿装置的旁路开关作为串补电容器过电压的最后一道保护，在合闸时作用，因此在区内故障时需要承受全部故障电流，包括合闸涌流、工频短路电流和放电电流。旁路开关无法承受这三项电流的联合作用时，可能将开关烧损，导致电流转移到其他设备上，引起其他设备故障

续表

序号	监督项目	监督要点	监督方法	整改建议	监督项目解析
2.9	旁路隔离开关	旁路隔离开关应具有足够的转换电流开合能力，转换电流不应低于串联补偿装置的额定电流，转换电压不应低于转换电流和阻尼电抗器额定阻抗的乘积	采用查阅资料的方式，主要包括工程设计文件，查看设计文件中对旁路隔离开关的电流转换能力是否满足要求	当发现本条款不满足时，应及时通知设计部门，更改旁路隔离开关设计要求	旁路隔离开关与旁路开关并联，在其动作时需要对线路电流进行转移，并最终将全部线路电流转移到旁路开关。当旁路隔离开关转移电流或转换电压能力不足时，无法完成电流转移。目前特高压的旁路隔离开关需增加灭弧单元进行电流转移。旁路隔离开关转移电流能力不足时无法完成其线路电流到旁路开关的转换，电弧无法熄灭，因此起不到隔离的作用，串联补偿装置即无法投入运行

序号	监督项目	监督要点	监督方法	整改建议	监督项目解析
2.10	电流互感器	电流互感器宜安装在串补平台相对低压侧	采用查阅资料的方式，主要包括工程设计文件，查看设计文件中对电流互感器的安装位置是否满足要求	当发现本条款不满足时，应及时通知设计部门，更改电流互感器位置	串补平台上一、二次设备以串补平台作为参考地，靠近或连接平台的一侧称为"平台相对低压侧"，另一侧称为"平台相对高压侧"。电流互感器（除不平衡电流互感器外）安装在串补平台相对低压侧，可以改善电流互感器的绝缘环境，减少干扰影响

续表

序号	监督项目	监督要点	监督方法	整改建议	监督项目解析
2.11	串补平台	（1）应在综合考虑串联补偿装置安装地点的风速、覆冰、积雪、地震烈度等气象、地理、地质条件的基础上，进行串补平台的力学分析与设计，确保其机械强度和支撑性能满足运行要求。 （2）串补平台设计时应考虑场强，串联补偿装置围栏外离地 1.5m 处的电场强度一般不高于 10kV/m，局部区域可高于 10kV/m，但不超过 15kV/m	采用查阅资料的方式，主要包括工程设计文件，查看设计文件中对的力学设计是否考虑了全部情况，查看电场强度设计是否满足要求	当发现本条款不满足时，应及时通知设计部门，重新进行力学设计及电场强度设计	串补平台由支柱绝缘子支撑，高度达 6m 以上，因此需要对平台各处的受力情况、抗地震能力进行计算分析。一般要求平台支柱绝缘子损坏 1 根的情况下，串补平台仍能保持其机械强度。而抗震水平要求比安装地点地震水平高 1 个等级。串补平台上电磁环境复杂，需要进行电场强度设计分析，为保证串补平台围栏外设备不受影响，需要控制其围栏外电场强度在一定阈值以下

续表

序号	监督项目	监督要点	监督方法	整改建议	监督项目解析
2.12	晶闸管阀（可控串补）	（1）串联晶闸管级的冗余数不应小于1。 （2）应为晶闸管阀提供正常触发和强制触发两个独立的触发系统	采用查阅资料的方式，主要包括工程设计文件，查看设计文件中串联晶闸管阀的冗余数及触发系统是否满足要求	当发现本条款不满足时，应及时通知设计部门，更改设计文件	晶闸管阀由于串联运行，因此可能出现电压分布不均匀的情况，为保证每只晶闸管阀均不超过其耐受电压，需要确保串联晶闸管级的最小冗余度为1。为保证晶闸管阀可靠触发，应为晶闸管阀提供正常触发和可控触发两个独立的触发系统

序号	监督项目	监督要点	监督方法	整改建议	监督项目解析
2.13	晶闸管阀冷却系统（可控串补）	（1）应采用两台循环泵冗余配置，每台循环泵应能独立提供所需的最大水流量。 （2）在采用水—风热交换方式时，每个水—风热交换器应至少配有一台备用风机	采用查阅资料的方式，主要包括工程设计文件，查看设计文件中串联晶闸冷却系统冗余配置是否满足要求	当发现本条款不满足时，应及时通知设计部门，更改冷却系统设计冗余	为保证一套循环泵系统故障时，晶闸管阀可靠散热，应采用两台循环泵冗余配置，每台循环泵应能独立提供所需的最大水流量，且在采用水—风热交换方式时，每个水—风热交换器应至少配有一台备用风机。可控串补晶闸管阀冷却系统配置冗余不足时可能导致一套系统故障，晶闸管阀发热闭锁保护，影响串补正常运行

续表

序号	监督项目	监督要点	监督方法	整改建议	监督项目解析
2.14	阀控电抗器（可控串补）	（1）阀控电抗器的额定电流应计及工频分量与谐波分量。 （2）阀控电抗器的品质因数 Q 值应不小于 80。 （3）在设计中应采取措施减小感抗偏差，每相总电抗值差应小于 3%，三相之间偏差应小于 2%	采用查阅资料的方式，主要包括工程设计文件，查看设计文件中阀控电抗器参数是否满足要求	当发现本条款不满足时，应及时通知设计部门，更改阀控电抗器设计参数	由于晶闸管阀系统有谐波产生，该谐波要流过阀控电抗器。因此阀控电抗器的额定电流设计应包含工频与谐波分量。阀控电抗器品质因数越高，其电阻越小，损耗越低，因此标准要求要保证阀控电抗器品质因数在 80 以上。可控串补阀控电抗器若未考虑谐波因素，可能导致其长期通流大于额定电流，发热及损耗增加。品质因数过低同样会引起电抗器损耗增加和发热现象

续表

序号	监督项目	监督要点	监督方法	整改建议	监督项目解析
2.15	控制功能	控制功能应包括以下内容：旁路开关、隔离开关、接地开关的控制功能；旁路开关、隔离开关、接地开关、MOV、电容器、线路、外部保护（其他需要退出串联补偿装置的保护或系统）、串补控制保护系统、直流设备等的状态量、模拟量的采集、上传功能；控制系统具备接收和执行上级监控设备的控制命令并上传本地信号的功能；围栏门、爬梯、隔离开关、接地开关、旁路开关等设备的五防闭锁逻辑和功能及自动重投功能及重投闭锁功能、启动串补旁路同时触发间隙功能	采用查阅资料的方式，主要包括工程设计文件，查看设计文件中控制功能是否齐全	当发现本条款不满足时，应及时通知设计部门，增加相关控制功能	工程设计阶段要进行串联补偿装置的控制功能设计，要检查控制功能。串补一般有自动重投功能，但当串联补偿装置发生如电容器损坏、MOV损坏等严重故障时，需要永久闭锁重投功能。串联补偿装置的控制功能齐全对后续串联补偿装置的设计、施工至关重要

续表

序号	监督项目	监督要点	监督方法	整改建议	监督项目解析
2.16	保护功能	（1）保护功至少应包括以下内容：电容器保护、MOV保护、间隙保护、平台闪络保护、旁路开关失灵保护、双系统掉电瞬时旁路保护、线路保护动作分相点火和旁路、其他需要退出串联补偿装置的保护或系统动作旁路。 （2）保护系统应配置独立故障录波装置，并能实时上传故障录波数据	采用查阅资料的方式，主要包括工程设计文件，查看设计文件中是否要求设置独立故障录波装置，是否要求故障录波装置满足电网公司组网要求	当发现本条款不满足时，应及时通知设计部门，增加独立故障录波功能	以往的大多数串联补偿装置故障录波装置集成在控制保护系统内，其设计无法满足故障录波上传功能。因此要求串联补偿装置设置独立的故障录波装置，并应满足电网公司的组网要求，能够实时上传故障录波装置数据。未配置独立故障装置或故障录波装置不满足电网公司组网要求，则当故障情况下，调度部门无法掌握故障情况，无法及时处理故障

续表

序号	监督项目	监督要点	监督方法	整改建议	监督项目解析
2.17	保护系统双重配置	保护系统应按双重化原则配置	采用查阅资料的方式，主要包括工程设计文件，查看设计文件中是否要求保护双重化配置	当发现本条款不满足时，应及时通知设计部门，更改设计文件	串联补偿装置往往安装在大负荷联络线路上，因此其保护系统动作的正确性至关重要，需要双重化保护配置。无双重化保护配置的，可能由于单一保护失效引起故障扩大，严重影响系统安全运行

续表

序号	监督项目	监督要点	监督方法	整改建议	监督项目解析
2.18	间隙触发回路监测功能	控制保护系统应有间隙触发回路的监测功能	采用查阅资料的方式，主要包括工程设计文件，查看设计文件中是否要求配置间隙触发回路监测功能	当发现本条款不满足时，应及时通知设计部门，增加间隙触发回路监测功能	某些串联补偿装置不具备间隙触发回路的监测功能，主要无法判断通信是否正确，而光纤信号衰减大或断开，在故障时无法控制间隙点火，导致串补设备故障

第三节　设备采购阶段

序号	监督项目	监督要点	监督方法	整改建议	监督项目解析
3.1	型式试验报告管理	串联补偿装置各类设备必须具备有效的全套型式试验报告	采用查阅资料的方式，主要包括招标采购文件	当发现本条款不满足时，应及时通知物资部门，更改招标采购文件，增加相应要求	设备试验报告是产品符合设备采购要求的重要证明资料，后期设备制造、设备验收、设备调试等阶段的技术监督工作均需参考报告信息。若设备试验报告提供情况不符合要求，会影响后期产品质量校核、设备调试、运维检修工作的开展

序号	监督项目	监督要点	监督方法	整改建议	监督项目解析
3.2	可听噪声水平	串联补偿装置的场界处可听噪声水平应控制在昼间 55dB、夜间 45dB 范围。如串联补偿装置附近有噪声敏感区域，应根据 GB 3096—2008《声环境质量标准》确定声环境功能区类型，执行 GB 12348—2008《工业企业厂界环境噪声排放标准》规定的噪声排放限值	采用查阅资料的方式，主要包括招标采购文件	当发现本条款不满足时，应及时通知物资部门，更改招标采购文件，增加相应要求	噪声水平应满足环保标准要求，同时噪声也会对设备造成干扰，因此必须规定串联补偿装置所在地和周围地区不同位置的可接受的噪声水平。串联补偿装置的场界一般指串补围栏处

序号	监督项目	监督要点	监督方法	整改建议	监督项目解析
3.3	故障顺序性能	串联补偿装置的设计应满足用户规定的故障顺序性能要求	采用查阅资料的方式，主要包括招标采购文件	当发现本条款不满足时，应及时通知物资部门，更改招标采购文件，增加相应要求	当串联补偿装置所在线路发生单相接地、两相接地等故障时，线路断路器及串联补偿装置的火花间隙、旁路开关应根据线路故障类型、故障位置（区内/区外故障）及是否重合闸在规定时间内做出正确动作，并应保证在规定的故障动作时序下，串联补偿装置的任何元部件不应损坏。故障顺序性能决定了串联补偿装置及其所在线路断路器在各种故障下的动作顺序及动作时限，对系统过电压、稳定性及串联补偿装置的耐受能力都至关重要

序号	监督项目	监督要点	监督方法	整改建议	监督项目解析
3.4	外绝缘	（1）外绝缘（统一爬电比距）应满足当地最新污秽等级的要求。 （2）中重度污区的外绝缘配置宜采用硅橡胶类防污闪产品	采用查阅资料的方式，主要包括招标采购文件	当发现本条款不满足时，应及时通知物资部门，更改招标采购文件，增加相应要求	复合外套（硅橡胶）绝缘具有良好的防污闪性能，因此在中重度污染区域宜采用硅橡胶类防污闪产品

续表

序号	监督项目	监督要点	监督方法	整改建议	监督项目解析
3.5	串联电容器	（1）应采用双套管结构。 （2）电容器绝缘介质的平均场强应不高于57kV/mm。 （3）电容器单元外壳的耐爆容量应不小于18kJ，电容器的并联数量应考虑电容器的耐爆能力。 （4）电容器组接线宜采用先串后并的接线方式。 （5）在 $0.5\sqrt{2}U_N \sim \sqrt{2}U_{lim}$ 范围内发生电容器元件击穿损坏时，应可靠熔断。动作后的熔丝断口能承受 $1.7U_{lim}$ 直流电压试验，不允许熔断器间隙击穿（U_N 为额定电压，U_{lim} 为极限电压）。 （6）电容器单元内部应配有放电电阻，放电电阻应能保证在 10min 内将电容器的电压自额定电压峰值降低到75V或者更低。 （7）串联电容器应满足 GB/T 6115.1—2008《电力系统用串联电容器　第1部分：总则》5.13节放电电流试验要求	采用查阅资料的方式，主要包括招标采购文件，查看招标采购文件的串补电容器部分是否包含以上内容	当发现本条款不满足时，应及时通知物资部门，更改招标采购文件，增加相应要求	第（1）、（4）条已在工程设计中解释。第（2）条，电容器单元的场强越高，制造成本越低，其内部绝缘越弱。当电容器单元场强大于59.5kV/mm 时，部分厂家就无法承诺完成 U_{lim} 下 10s 耐受试验。通过综合考虑电容器的安全稳定运行及制造成本，确定电容器绝缘介质的平均场强不应高于 57kV/mm。第（3）条，目前的串联电容器接线方式下，电容器单元的耐爆容量不应低于 18kJ。第（5）条，串补电容器并非一定满负荷运行，因此标准规定在半负荷到极限电压下，电容器内熔断器都应可靠隔离故障元件。第（6）条，串补电容器无放电器件，需要内部放电，因此内部应配有放电电阻，其取值应进行严格计算，使电容器电压在 10min 内降低到 75V 以下，保证人身和设备安全。第（7）条，串补电容器放电电流试验是指在极限电压下电容器直接短路放电和经阻尼装置放电两种放电耐受试验，是一种型式试验，确保了电容器在最恶劣的工况下能够耐受短路放电电流。该条款中各项对串补电容器的要求，均为了保证串补电容器在各种工况下能够可靠安全运行

序号	监督项目	监督要点	监督方法	整改建议	监督项目解析
3.6	金属氧化物限压器	（1）MOV 热备用容量裕度应不小于 10%。且 220～500kV 串联补偿装置 MOV 热备用应每相至少一台，1000kV 串联补偿装置热备用每个平台应不少于 3 个 MOV 单元。 （2）整组 MOV 电阻片柱之间的分流系数应不大于 1.1	采用查阅资料的方式，主要包括招标采购文件，查看招标采购文件的 MOV 电阻片柱的分流系数要求不大于 1.1	当发现本条款不满足时，应及时通知物资部门，更改招标采购文件，增加相应要求	第（1）条已在工程设计中解释。第（2）条，由于 MOV 的实际容量取决于整组 MOV 各柱之间的分流系数，分流系数越小，各电阻片柱承担电流越平均，其实际容量更大，使用寿命更长。若 MOV 各柱之间的分流系数过大，其实际容量将减小，且某柱（或某几柱）承担的故障电流将远大于其他电阻片柱，严重影响 MOV 使用寿命

序号	监督项目	监督要点	监督方法	整改建议	监督项目解析
3.7	火花间隙	（1）火花间隙的强迫（可靠）触发电压应不高于 1.8p.u.。 （2）火花间隙的设计应保证无强迫触发命令时拉合串补相关隔离开关不出现间隙误触发。 （3）220～500kV 串联补偿装置间隙自触发电压应不低于保护水平的 1.05 倍，1000kV 串联补偿装置应不低于 1.1 倍。 （4）从收到间隙触发信号至主间隙击穿的时间应不大于 1.0ms。 （5）火花间隙应具备防鸟措施	采用查阅资料的方式，主要为招标采购文件，查看招标采购文件中是否包含火花间隙的 5 条要求	当发现本条款不满足时，应及时通知物资部门，更改招标采购文件，增加相应要求	第（1）、（3）条已在工程设计中解释。第（2）条，当串联补偿装置进行拉合刀闸操作时，由于电压作用会产生拉弧现象，以往出现过拉合隔离开关时火花间隙误触发的情况，分析其原因是火花间隙的触发回路受到传导干扰所致。第（4）条，由于火花间隙起到保护 MOV 的作用，当 MOV 低值能量保护启动时，火花间隙应立即动作，防止 MOV 能量过高释放，而火花间隙的动作时间是从接到触发信号开始，一直到主间隙击穿，受到控制保护回路、触发回路等多方面影响，需要要求其总体时间满足保护要求。第（5）条，目前国内用的多为敞开式火花间隙，类似空心电抗器结构，中心部位为石墨电极，因此需要对其加装防鸟措施，防止鸟在间隙内部活动。该条款中的 5 条，均是对火花间隙厂家在设计制造中的要求，若不满足，会引起间隙不触发、无故自触发、触发时间不满足保护要求等情况，导致 MOV 及电容器组损坏

续表

序号	监督项目	监督要点	监督方法	整改建议	监督项目解析
3.8	阻尼装置	（1）阻尼装置应能将电容器组放电电流限制在电容器组、旁路开关和间隙的耐受能力范围内。 （2）电容器的放电电流（峰值）应小于电容器额定电流的 100 倍。 （3）放电电流的幅值和放电频率的乘积不宜超过 100kA·kHz。 （4）阻尼装置应能承受线路故障电流和电容器组放电电流的联合作用，且具有足够的机械强度和电稳定性	采用查阅资料的方式，主要为招标采购文件	当发现本条款不满足时，应及时通知物资部门，更改招标采购文件，增加相应要求	串联补偿装置的阻尼装置作用是防止火花间隙或旁路开关动作时电容器组被直接短路，因此阻尼装置要限制电容器组、火花间隙及旁路开关的放电电流。同时阻尼装置本身也要承受该放电电流。火花间隙或旁路开关动作一般是在系统短路的过程中，因此阻尼装置还要同时承受系统短路电流。阻尼装置的放电电流限制能力能够保证其他设备在短路故障下不受损害，且其故障承受能力要求应更高，其自身损坏更无法保证其他设备安全

续表

序号	监督项目	监督要点	监督方法	整改建议	监督项目解析
3.9	旁路开关	（1）旁路开关应能承受合闸涌流、工频短路电流与电容器高频放电电流的联合作用。 （2）旁路开关合闸时间应不大于 35ms	采用查阅资料的方式，主要为招标采购文件，查看招标采购文件中旁路开关的合闸时间是否满足要求	当发现本条款不满足时，应及时通知物资部门，更改招标采购文件，增加相应要求	第（1）条已在工程设计中解释。第（2）条，旁路开关起到保护主间隙的作用，其在合闸时起作用。因此旁路开关与其他线路开关不同，应对其合闸时间进行限定。旁路开关合闸时间不满足要求就无法对主间隙及 MOV 进行保护

167

续表

序号	监督项目	监督要点	监督方法	整改建议	监督项目解析
3.10	旁路隔离开关	旁路隔离开关应具有足够的转换电流开合能力,转换电流不应低于串联补偿装置的额定电流,转换电压不应低于转换电流和阻尼电抗器额定阻抗的乘积	采用查阅资料的方式,主要为招标采购文件	当发现本条款不满足时,应及时通知物资部门,更改招标采购文件,增加相应要求	旁路隔离开关与旁路开关并联,在其动作时需要对线路电流进行转移,并最终将全部线路电流转移到旁路开关。当旁路隔离开关转移电流或转换电压能力不足时,无法完成电流转移。目前特高压的旁路隔离开关需增加灭弧单元进行电流转移。旁路隔离开关转移电流能力不足时无法完成其线路电流到旁路开关的转换,电弧无法熄灭,因此起不到隔离的作用,串联补偿装置即无法投入运行

续表

序号	监督项目	监督要点	监督方法	整改建议	监督项目解析
3.11	电流互感器	电流互感器宜安装在串补平台相对低压侧	采用查阅资料的方式，主要为招标采购文件	当发现本条款不满足时，应及时通知物资部门，更改招标采购文件，增加相应要求	串补平台上一、二次设备以串补平台作为参考地，靠近或连接平台的一侧称为"平台相对低压侧"，另一侧称为"平台相对高压侧"。电流互感器（除不平衡电流互感器外）安装在串补平台相对低压侧，可以改善电流互感器的绝缘环境，减少干扰影响

续表

序号	监督项目	监督要点	监督方法	整改建议	监督项目解析
3.12	平台取能	（1）串补平台上控制保护设备电源应能在激光电源供电、平台取能设备供电之间平滑切换。 （2）取能用电流互感器精度不低于 5P	采用查阅资料的方式，主要为招标采购文件，查看招标采购文件中是否有对不同平台供电单元之间平滑切换的要求	当发现本条款不满足时，应及时通知物资部门，更改招标采购文件，增加相应要求	目前部分串联补偿装置采用激光取能和平台取能（取能 TA）联合供电的方式，正常运行时采用平台取能的方式，当串补停电时转换为激光供电方式。为保证电源转换期间，控保系统不掉电，无电压暂降、暂升等情况发生，要求各取能单元对设备供电应能平滑切换

序号	监督项目	监督要点	监督方法	整改建议	监督项目解析
3.13	串补平台	（1）平台机械设计标准应考虑至少两种因素的组合： 1）自重＋覆冰/雪载荷＋风载荷； 2）自重＋风载荷＋地震。 （2）串补平台设计时应考虑场强，串联补偿装置围栏外离地 1.5m 处的电场强度一般不高于 10kV/m，局部区域可高于 10kV/m 但不超过 15kV/m	采用查阅资料的方式，主要为招标采购文件	当发现本条款不满足时，应及时通知物资部门，更改招标采购文件，增加相应要求	晶闸管阀由于串联运行，因此可能出现电压分布不均匀的情况，为保证每只晶闸管阀均不超过其耐受电压，需要确保串联晶闸管级的最小冗余度为 1。为保证晶闸管阀可靠触发，应为晶闸管阀提供正常触发和可控触发两个独立的触发系统

续表

序号	监督项目	监督要点	监督方法	整改建议	监督项目解析
3.14	晶闸管阀（可控串补）	（1）串联晶闸管级的冗余数应不小于1。 （2）应通过设计使晶闸管阀具备防止误通或耐受误导通冲击的能力。 （3）应为晶闸管阀提供正常触发和强制触发两个独立的触发系统	采用查阅资料的方式，主要为招标采购文件	当发现本条款不满足时，应及时通知物资部门，更改招标采购文件，增加相应要求	为保证一套循环泵系统故障时，晶闸管阀可靠散热，应采用两台循环泵冗余配置，每台循环泵应能独立提供所需的最大水流量，且在采用水—风热交换方式时，每个水—风热交换器应至少配有一台备用风机。可控串补晶闸管阀冷却系统配置冗余不足时可能导致一套系统故障时，晶闸管阀发热闭锁保护，影响串补正常运行

序号	监督项目	监督要点	监督方法	整改建议	监督项目解析
3.15	晶闸管阀冷却系统（可控串补）	（1）应采用两台循环泵冗余配置，每台循环泵应能独立提供所需的最大水流量。 （2）在采用水—风热交换方式时，每个水—风热交换器应至少配有一台备用风机	采用查阅资料的方式，主要为招标采购文件	当发现本条款不满足时，应及时通知物资部门，更改招标采购文件，增加相应要求	由于晶闸管阀系统有谐波产生，该谐波要流过阀控电抗器。因此阀控电抗器的额定电流设计应包含工频与谐波分量。阀控电抗器品质因数越高，其电阻越小，损耗越低，因此标准要求要保证阀控电抗器品质因数在 80 以上。可控串补阀控电抗器若未考虑谐波因素，可能导致其长期通流大于额定电流，发热及损耗增加。品质因数过低同样会引起电抗器损耗增加和发热现象

续表

序号	监督项目	监督要点	监督方法	整改建议	监督项目解析
3.16	阀控电抗器（可控串补）	（1）阀控电抗器的额定电流应计及工频分量与谐波分量。 （2）阀控电抗器的品质因数 Q 值应不小于 80。 （3）在设计中应采取措施减小感抗偏差，每相总电抗值差应小于 3%，三相之间偏差应小于 2%	采用查阅资料的方式，主要为招标采购文件	当发现本条款不满足时，应及时通知物资部门，更改招标采购文件，增加相应要求	由于晶闸管阀系统有谐波产生，该谐波要流过阀控电抗器。因此阀控电抗器的额定电流设计应包含工频与谐波分量。阀控电抗器品质因数越高，其电阻越小，损耗越低，因此标准要求要保证阀控电抗器品质因数在 80 以上。可控串补阀控电抗器若未考虑谐波因素，可能导致其长期通流大于额定电流，发热及损耗增加。品质因数过低同样会引起电抗器损耗增加和发热现象

续表

序号	监督项目	监督要点	监督方法	整改建议	监督项目解析
3.17	控制功能	控制功能应包括以下内容：旁路开关、隔离开关、接地开关的控制功能；旁路开关、隔离开关、接地开关、MOV、电容器、线路、外部保护（其他需要退出串联补偿装置的保护或系统）、串补控制保护系统、直流设备等的状态量、模拟量的采集、上传功能；控制系统具备接收和执行上级监控设备的控制命令并上传本地信号的功能；围栏门、爬梯、隔离开关、接地开关、旁路开关等设备的五防闭锁逻辑和功能	采用查阅资料的方式，主要为招标采购文件	当发现本条款不满足时，应及时通知物资部门，更改招标采购文件，增加相应要求	要进行串联补偿装置的控制功能设计，要检查控制功能。串补一般有自动重投功能，但当串联补偿装置发生如电容器损坏、MOV损坏等严重故障时，需要永久闭锁重投功能。串联补偿装置的控制功能齐全对后续串联补偿装置的设计、施工至关重要

续表

序号	监督项目	监督要点	监督方法	整改建议	监督项目解析
3.18	保护功能	保护功应包括电容器保护、MOV 保护、间隙保护、平台闪络保护、旁路开关失灵保护、双系统掉电瞬时旁路保护、线路保护动作分相点火和旁路、其他需要退出串联补偿装置的保护或系统动作旁路	采用查阅资料的方式,主要为招标采购文件	当发现本条款不满足时,应及时通知物资部门,更改招标采购文件,增加相应要求	要进行串联补偿装置的控制功能设计,目前的保护包括但不限于电容器保护、MOV 保护、间隙保护、平台闪络保护、旁路开关失灵保护、双系统掉电瞬时旁路保护、线路保护动作分相点火和旁路、其他需要退出串联补偿装置的保护或系统动作旁路

序号	监督项目	监督要点	监督方法	整改建议	监督项目解析
3.19	自动重投及重投闭锁	控制保护系统应具备自动重投功能及重投闭锁功能、启动串补旁路同时触发间隙功能	采用查阅资料的方式，主要为招标采购文件，查看招标采购文件中是否有对控制保护系统自动重投及重投闭锁功能的要求	当发现本条款不满足时，应及时通知物资部门，更改招标采购文件，增加相应要求	串联补偿装置的控制保护系统应包含自动重投及重投闭锁功能，当发生暂时性的电容器过负荷、MOV 能量低值保护动作、间隙自触发保护动作等情况时，可在一定时间后对串联补偿装置进行自动重投。而当发生重投次数超过阈值、电容器不平衡保护动作、MOV 能量高值保护动作、旁路开关三相不一致保护动作时，应永久闭锁重投功能。控制保护系统的自动重投及重投闭锁功能，对于串联补偿装置的暂时性缺陷自动恢复及永久故障的永久旁路功能至关重要

续表

序号	监督项目	监督要点	监督方法	整改建议	监督项目解析
3.20	故障录波装置	控制保护系统应配置独立故障录波装置，并能实时上传故障录波数据	采用查阅资料的方式，主要为招标采购文件	当发现本条款不满足时，应及时通知物资部门，更改招标采购文件，增加相应要求	以往的大多数串联补偿装置故障录波装置集成在控保系统内，其设计无法满足故障录波上传功能。因此要求串联补偿装置设置独立的故障录波装置，并应满足电网公司的组网要求，能够实时上传故录数据。未配置独立故障装置或故障录波装置不满足电网公司组网要求，则当故障情况下，调度部门无法掌握故障情况，无法及时处理故障

序号	监督项目	监督要点	监督方法	整改建议	监督项目解析
3.21	间隙触发回路监测功能	控制保护系统应有间隙触发回路的监测功能	采用查阅资料的方式，主要为招标采购文件，查看招标采购文件中是否有对	当发现本条款不满足时，应及时通知物资部门，更改招标采购文件，增加相应要求	某些串联补偿装置不具备间隙触发回路的监测功能，主要无法判断通信是否正确，而光纤信号衰减大或断开，在故障时无法控制间隙点火，导致串补设备故障

续表

序号	监督项目	监督要点	监督方法	整改建议	监督项目解析
3.22	抗干扰	（1）串联补偿装置平台上测量及控制箱的箱体应采用密闭良好的金属壳体，箱门四边金属应与箱体可靠接触，避免外部电磁干扰辐射进入箱体内。 （2）串补平台上的控制保护设备所采用的电磁干扰防护等级，应高于控制室内的控制保护设备等级	在招标采购文件中，应对串补平台上的测控箱体密封性进行要求，尤其注意箱门四边金属应与箱体可靠接触。同时，招标文件中应要求生产厂提供平台上控制保护设备的电磁兼容型式试验报告	当发现本条款不满足时，应及时通知物资部门，应更改招标采购文件，增加相应要求	串补平台上的设备处在高电位，电磁环境恶劣，测量及控制保护设备均为弱电板卡，集中放置在测量及控制箱中。如箱门以及箱体不能密闭，外部电磁干扰将辐射进入箱内，容易引起测量及控制板卡的逻辑异常或元器件损坏。同样，应该提高控制保护设备的电磁干扰防护水平，防止辐射和传导干扰影响设备正常运行。控制保护系统的电磁兼容性能和抗干扰措施达不到相关要求，可能会引起板卡烧损故障

序号	监督项目	监督要点	监督方法	整改建议	监督项目解析
3.23	光传输设备备用芯	（1）光纤柱中应有足够的备用芯数量，备用芯数量应不少于使用芯数量。 （2）两套测量系统的光回路不应共用一根光纤柱	在招标采购文件中，应对光纤的备用芯数量明确，保证备用芯数量不少于使用芯数量	当发现本条款不满足时，应及时通知物资部门，更改招标采购文件，增加相应要求	串补平台上的设备通过光纤柱与地面设备进行通信，若发生光纤损坏，重新布置光纤极其困难。因此要求光纤柱中的备用芯数量不少于使用芯数量及 100%冗余，其前期投资成本不高。足够的光纤备用芯可以在光纤受损的情况下，迅速排出故障，恢复串联补偿装置正常运行，保证系统稳定性

第四节 设备制造阶段

序号	监督项目	监督要点	监督方法	整改建议	监督项目解析
4.1	设备监造工作（特高压工程适用）	（1）编制详细的监造方案和监造计划。 （2）监造人员、装备配置合理足够	在招标采购文件中，应对光纤的备用芯数量明确，保证备用芯数量不少于使用芯数量	当发现本条款不满足时，应及时通知物资部门，更改招标采购文件，增加相应要求	目前 500kV 及以下串补工程一般不到厂家进行监造，而特高压用串补工程要求对电容器、MOV、火花间隙、旁路开关等重要部件驻厂监造

序号	监督项目	监督要点	监督方法	整改建议	监督项目解析
4.2	电容器密封工艺和试验	单元（在无涂层状态下）应按 GB 6115.1—2008《电力系统用串联电容器 第1部分：总则》的要求进行电容器单元箱壳和套管密封性试验	采用现场监造的方式，抽查电容器出厂的密封性试验	当发现本条款不满足时，该台电容器不可用，并检查其他电容器密封性试验，多于2台不合格时，要检查其密封工艺，要求厂家提出整改措施	目前串补电容器两个主要缺陷是接头发热和渗漏油。而一旦电容器发生渗漏油缺陷，必须停电处理。因此出厂试验中电容器的密封试验尤其重要

序号	监督项目	监督要点	监督方法	整改建议	监督项目解析
4.3	电容器组偏差	电容器组电容量与额定电容量偏差不应大于±3%	采用现场监造的方式，检查电容器组（一个台架）的电容量试验	当发现本条款不满足时，应对电容器组进行重新配平	一般串补电容器在出厂时需经过配平，保证桥臂电容量基本一致，防止现场出现不平衡电流过大的情况。电容器组电容量与额定电容量偏差过大，会导致三相不平衡，且不平衡电流增大，需要现场继续配平，增加现场工作量

续表

序号	监督项目	监督要点	监督方法	整改建议	监督项目解析
4.4	MOV密封性能	MOV密封性试验应满足GB 11032—2010《交流无间隙金属氧化物避雷器》中8.11节的规定，生产厂可以采用任何灵敏方法测量避雷器整个密封系统的密封泄漏率。试验时建议采用氦质谱检漏仪检漏法（漏气率要求小于6.65×10^{-5}（Pa·L）/s）、抽气浸泡法、热水浸泡法进行试验，具体试验方法可按JB/T 7618—2011《避雷器密封试验》进行	采用现场监造的方式，抽查MOV密封性试验	当发现本条款不满足时，该台MOV不可用，并检查其他MOV密封性试验，多于2台不合格时，要检查其密封工艺，要求厂家提出整改措施	经统计分析，MOV 70%以上损坏是由于密封性不良导致的电阻片受潮引起的，因此在出厂试验阶段应严格检查MOV的密封性试验。MOV密封性不良，会导致电阻片受潮，绝缘性能下降，引起MOV放电击穿

序号	监督项目	监督要点	监督方法	整改建议	监督项目解析
4.5	MOV分流系数	（1）应对每个MOV单元进行多柱电流分布试验，MOV单元内电阻片柱之间的分流系数不大于1.05。 （2）应对整组MOV进行电流分布试验，MOV单元之间的分流系数不大于1.03。 （3）整组MOV电阻片柱之间的分流系数不应大于1.1	采用现场监造的方式，检查MOV电流分布试验	当发现本条款不满足时，该组MOV的电阻片柱需要重新配平	串补中用的MOV单元是由4柱电阻片柱并联组成的，而整个平台MOV是由若干MOV单元能组成。要保证各电阻片柱中流过的电流相对平衡，才能保证MOV的寿命和实际容量。MOV电阻片柱之间的分流系数不均，会导致流过电流较大的电阻片柱提前损坏，对整个平台MOV的使用寿命和实际容量至关重要

续表

序号	监督项目	监督要点	监督方法	整改建议	监督项目解析
4.6	旁路开关合闸时间	旁路开关合闸时间不应大于 35ms	采用现场监造的方式，检查旁路开关动作特性试验	当发现本条款不满足时，应查明原因，要求厂家进行整改	旁路开关起到保护主间隙的作用，其在合闸时起作用。因此旁路开关与其他线路开关不同，应对其合闸时间进行限定。旁路开关合闸时间不满足要求就无法对主间隙及 MOV 进行保护

续表

序号	监督项目	监督要点	监督方法	整改建议	监督项目解析
4.7	支柱绝缘子探伤	每只支柱绝缘子探伤试验结果应合格	采用现场监造及出厂验收的方式，检查出厂试验报告	当发现本条款不满足时，出具验收不通过报告，要求厂家进行返厂整改	支柱绝缘子在生产过程中，在上下法兰胶装处可能出现由生产工艺不良导致的裂纹、气泡等缺陷，因此需要对每只支柱绝缘子进行上下法兰处的探伤试验，要求采用超声波探伤法。若未对每只进行探伤，可能存在缺陷绝缘子，影响串补平台强度

续表

序号	监督项目	监督要点	监督方法	整改建议	监督项目解析
4.8	光路损耗测量	在装配好的光纤柱上应进行光衰耗测量	采用现场监造及出厂验收的方式，检查出厂试验报告	当发现本条款不满足时，出具验收不通过报告，要求厂家进行返厂整改	根据运行经验，目前串联补偿装置缺陷中最常见的就是光纤信号传输出现故障，导致触发信号无法送达平台，因此在出厂试验中要实际测试光纤损耗

第五节 设备验收阶段

序号	监督项目	监督要点	监督方法	整改建议	监督项目解析
5.1	到货验收	（1）设备供货单与供货合同及实物应一致。 （2）运输过程中加装三维冲撞记录仪的，记录仪应正常工作，记录结果应无异常。 （3）随产品提供的产品清单、产品合格证书（含组部件）、出厂试验报告、产品使用说明书（含组附件）等资料齐全完整。 （4）产品包装箱应无受潮、破损	核对设备技术参数和数量应与供货合同、设计要求一致，资料完整	当发现本条款不满足时，应及时与厂家沟通进行原因分析，制定整改方案，整改后再进行到货资料的验收，直至各项资料齐全、合格	设备验收阶段是指设备在制造厂完成生产后，在现场安装前进行验收的工作阶段，包括出厂验收和到货验收。到货验收阶段应监督设备供货单与供货合同及实物一致性等。规范设备现场验收管理，是设备安全可靠投入运行的必要保证。设备到货验收是处在生产和安装的过渡过程，做好设备的到货验收工作，可以有效防止三个脱节，即设备生产与安装、使用、维修阶段的管理脱节，因此应该充分认识到串联补偿装置设备现场验收工作的重要性和复杂性

序号	监督项目	监督要点	监督方法	整改建议	监督项目解析
5.2	备品备件	（1）备品备件及工器具需确认各项资料齐全后方可验收。 （2）所有备品备件应为全新产品，与已经安装设备的相应部件能够互换，具有相同的技术规范和相同的规格、材质、制造工艺	根据技术协议现场检查备品备件是否齐全	当发现备品备件不满足技术协议要求时，应督促物资部门要求厂家补充备品备件	串补电容器、二次板卡属于易坏设备，其备品备件的充足对串联补偿装置故障后迅速恢复运行及其重要。原国外品牌的串联补偿装置曾多次因备品备件不足问题，导致串联补偿装置故障后无法立刻恢复运行，影响系统潮流输送及安全稳定性

续表

序号	监督项目	监督要点	监督方法	整改建议	监督项目解析
5.3	出厂试验报告	串联补偿装置各类设备出厂检验报告齐全、完整并应重点检查一下试验项目： （1）电容器组容量偏差试验。 （2）电容器端子间电压试验。 （3）电容器损耗试验。 （4）电容器密封性试验。 （5）电容器内部放电装置试验。 （6）MOV多柱电流分布试验。 （7）旁路开关机械操作试验。 （8）支柱绝缘子探伤试验。 （9）复合绝缘子交流耐压试验。 （10）斜拉绝缘子串预紧力试验。 （11）光纤柱光衰测量试验。 （12）晶闸管阀触发检查（可控串补）。 （13）晶闸管阀冷却系统压力检查（可控串补）	采用现场监造及出厂验收的方式，检查出厂试验报告	当发现本条款不满足时，出具验收不通过报告，要求厂家进行返厂整改	除设备制造阶段重点要求的试验项目外，还应重点关注电容器极间耐压、损耗、内部放电装置试验、复合绝缘子交流耐压试验、斜拉绝缘子串预紧力试验、晶闸管阀触发检查和晶闸管阀冷却系统压力检查试验。这些试验项目都是影响串补安全运行的重要试验，其确保了电容器可以承受极限电压，电容器整体绝缘良好，停电后电容器可迅速放电，复合绝缘子可承受平台极限电压，斜拉绝缘子预紧力下平台稳固，晶闸管阀可可靠触发、阀冷却系统压力正常等。这些出厂试验如前所述均为保证串补安全可靠运行的重要试验

第六节　设备安装阶段

序号	监督项目	监督要点	监督方法	整改建议	监督项目解析
6.1	设备安装质量管理	安装阶段技术监督应重点监督安装单位及人员资质、工艺控制资料、安装过程应符合相关规定，对重要工艺环节开展安装质量抽检	查阅安装单位资质证明、安装作业指导书、安装记录卡、抽检报告	当发现本条款不满足时，应及时与施工单位、设备运维单位沟通，进行原因分析，制定整改方案，整改后再进行设备安装，直至各项验收满足要求	设备安装阶段是指设备在完成验收工作后，在现场进行安装的工作阶段。本阶段技术监督工作由各级基建部门组织技术监督，实施单位通过查阅资料、现场抽查、抽检等方式监督，并评价安装单位及人员资质、工艺控制资料、安装过程是否符合相关规定，对重要工艺环节开展安装质量抽检，对不符合要求的出具监督告（预）警单。串联补偿装置应遵守相关安装规程，开展安装质量管理工作。对施工单位、施工方案及重要工艺环节进行检查是确保安装过程符合规程要求的重要措施。若资质不满足，无合理施工方案，关键环节抽检不合格，将无法确保安装可靠性

序号	监督项目	监督要点	监督方法	整改建议	监督项目解析
6.2	电容器安装	（1）电容器套管不应受额外应力，且每台电容器外壳均应与电容器支架一起可靠地连接到规定的等电位点。 （2）电容器之间的连线应采用软连接	采用现场检查的方式，检查每台电容器的安装情况	当发现本条款不满足时，应要求施工单位重新进行电容器安装	为防止在短路故障下套管受电动力拉拽损坏，电容器安装时，套管应不受额外应力，且电容器之间的连线应采用软连接。为保证电容器极对壳耐压在其耐受水平以内，应将每台电容器外壳均与支架一起可靠地连接到规定的等电位点。电容器安装若采用硬连接，或套管受额外应力，会使电容器在平时运行中，或短路故障时发生套管损坏。若电容器外壳未连接至等电位点，其极对壳电压过高，会产生击穿放电

序号	监督项目	监督要点	监督方法	整改建议	监督项目解析
6.3	火花间隙安装	各间隙距离测量值应符合设计及产品技术文件的要求	采用现场检查的方式，检查每对火花间隙的石墨电极距离是否符合厂家规定	当发现本条款不满足时，应要求施工单位进行火花间隙距离调整	火花间隙的强迫触发电压和自触发电压主要取决于其石墨电极的距离，由于交接试验中未规定进行全电压的火花间隙触发试验，因此其可靠性完全取决于其安装工艺。若火花间隙的石墨电极距离不满足制造厂规定，则触发电压会发生偏差，影响串联补偿保护系统正常工作

序号	监督项目	监督要点	监督方法	整改建议	监督项目解析
6.4	光纤柱安装	光纤柱的光纤不应受外力,且弯曲半径应满足厂家技术要求	采用现场检查的方式,检查光纤的安装弯曲半径是否符合厂家规定	当发现本条款不满足时,应要求施工单位对光纤重新安装	光纤柱的弯曲半径若超过厂家要求,可能引起光纤光衰增大甚至光纤损坏

序号	监督项目	监督要点	监督方法	整改建议	监督项目解析
6.5	晶闸管阀（可控串补）	阀室安装后应进行内部检查，且应符合下列规定： （1）晶闸管阀固定架应安装良好，各设备无移位。 （2）阀体及辅助部分的电气连接应紧固，固定晶闸管阀组的弹簧受力应符合产品技术文件的要求	采用现场检查的方式，检查每组晶闸管阀是否安装牢固，设备有无位移	当发现本条款不满足时，应要求施工单位进行晶闸管阀紧固调整	晶闸管阀及其固定支架一般在厂家已经安装完毕，在现场安装时应注意检查晶闸管阀在运输过程中有无松动，设备有无位移。若发生位移在运行中可能导致安全距离不足放电。因此若有松动位移应重新紧固调整

第七节　设备调试阶段

序号	监督项目	监督要点	监督方法	整改建议	监督项目解析
7.1	设备调试质量管理	在一、二次设备交接试验、分系统调试、系统启动调试过程中，调试方案、重要记录、调试仪器设备、调试人员应满足相关标准和预防事故措施的要求	资料检查，主要检查调试方案、仪器设备校准记录及调试人员资格证书	若不符合规定，应要求调试单位整改	串联补偿装置系统调试阶段要有相应的特殊试验方案、分系统调试方案等，确保试验安全

续表

序号	监督项目	监督要点	监督方法	整改建议	监督项目解析
7.2	支柱绝缘子探伤	每只支柱绝缘子应进行探伤试验，结果应合格	采用现场检查的方式，检查调试单位对支柱绝缘子的探伤试验是否符合要求	当发现本条款不满足时，应要求调试单位补做试验，不合格时要求厂家补送合格产品	支柱绝缘子生产过程中在法兰部位容易出现内部裂痕等缺陷，而支柱绝缘子直接支撑串补平台，对其力学强度及其重要，因此交接试验时需要对每只支柱绝缘子进行探伤试验。若支柱绝缘子未进行探伤试验，或探伤试验不合格会导致运行过程中支柱断裂，影响串联补偿装置正常工作

续表

序号	监督项目	监督要点	监督方法	整改建议	监督项目解析
7.3	电容器组不平衡电流测量	电容器组不平衡电流测量值应符合技术规范书的要求	采用现场检查的方式，检查每组电容器组的不平衡电流实测值是否符合厂家规定	当发现本条款不满足时，应结合桥臂电容量实测值，要求施工单位进行电容器调整	电容器组的不平衡电流测量可以初步判定电容器组的配平情况，结合桥臂实测值进行调整。电容器组不平衡电流不符合要求时，可初步判定电容器配平不合格。若直接投入运行，可能引起电容器组不平衡保护告警，需要停电重新配平

序号	监督项目	监督要点	监督方法	整改建议	监督项目解析
7.4	MOV直流参考电压及泄漏电流测量	（1）MOV 和阻尼电阻器直流参考电压试验电流值应取 1mA/柱。 （2）0.75 倍直流参考电压下泄漏电流值不应超过 50μA/柱。 （3）（20±15）℃下的实测值与设备制造厂规定值相比较，差值不应大于±5%	采用现场检查的方式，检查每只MOV 的直流参考电压试验是否符合标准要求	当发现本条款不满足时，应要求调试单位按 1mA/柱进行试验	MOV 直流参考电压及泄漏电流试验时考核 MOV 性能的重要试验，且某些标准对该试验的直流参考电流说法是错误的，应取 1mA/柱。若 MOV 直流参考电压试验不合格，则 MOV 已经受损不可用。而当直流参考电流未取 1mA/柱时，无法判断 MOV 真实直流参考电压值

序号	监督项目	监督要点	监督方法	整改建议	监督项目解析
7.5	旁路开关机械特性	旁路开关合闸时间应不大于 35ms	采用现场检查的方式，检查旁路开关动作特性试验是否合格	当发现本条款不满足时，应要求厂家进行整改	旁路开关起到保护主间隙的作用，其在合闸时起作用。因此旁路开关与其他线路开关不同，应对其合闸时间进行限定。旁路开关合闸时间不满足要求就无法对主间隙及 MOV 进行保护

续表

序号	监督项目	监督要点	监督方法	整改建议	监督项目解析
7.6	触发型间隙试验	触发型间隙应进行触发功能验证试验	采用现场检查的方式，检查火花间隙的触发功能验证试验是否合格	当发现本条款不满足时，应要求调试单位火花间隙触发回路检查，并进行试验，直至合格	触发型间隙在交接试验中应进行后台的触发功能验证试验，确保二次回路正确。有条件的，可进行全电压下的可靠触发试验。若未进行触发功能验证试验，无法保证间隙的二次回路正确，即无法保证区内故障时间隙可靠击穿

续表

序号	监督项目	监督要点	监督方法	整改建议	监督项目解析
7.7	光纤衰耗测试	（1）应每一根光纤都进行衰耗测试。光纤柱内光缆长度小于 250m 时，损耗不应超过 1dB；光缆长度为 250～500m 时，损耗不应超过 2dB；光缆长度为 500～1000m 时，损耗不应超过 3dB。 （2）供能光纤应具备传输效率报告，并符合制造厂的规定	采用现场检查的方式，检查每根光纤的衰耗是否符合反措要求	当发现本条款不满足时，应要求施工单位进行光纤熔接检查等，保证衰耗在允许范围内	根据运行经验，目前串联补偿装置缺陷中最常见的就是光纤信号传输出现故障，导致触发信号无法送达平台，因此在交接试验中要实际测试光纤安装后的损耗

续表

序号	监督项目	监督要点	监督方法	整改建议	监督项目解析
7.8	分系统调试	二次设备分系统调试报告应包含以下内容： （1）各级控制系统传动试验记录及遥信点表传动记录。 （2）电气闭锁试验记录。 （3）继电保护传动记录。 （4）故障录波器试验记录。 （5）平台电源模块供电及切换试验记录。 （6）数据采集设备检验记录	采用现场检查的方式，检查分系统调试记录是否齐全	当发现本条款不满足时，应要求调试单位进行补充试验	串联补偿装置控制保护系统及其重要，相对于变电站控制保护系统也有其特点，因此应进行二次分系统调试监督检查，确保串联补偿装置控制保护动作正确

第八节　竣工验收阶段

序号	监督项目	监督要点	监督方法	整改建议	监督项目解析
8.1	问题整改	工程启动验收前，前期各阶段发现的问题应已闭环整改，并验收合格	查阅技术文件、相关资料和报告	当发现本条款不满足时，应及时向厂家及运维单位、运维管理单位提出整改要求，补充相关资料	前期各阶段技术监督过程中发现问题的整改落实情况，均需在竣工验收阶段进行检查，确保设备安全可靠运行。若前期问题未整改、备品备件未齐全、验收未合格，将影响静止无功补偿装置运行可靠性，甚至引起装置及系统故障

续表

序号	监督项目	监督要点	监督方法	整改建议	监督项目解析
8.2	技术资料完整性	随产品提供的产品清单、产品（含组部件）的合格证书、产品使用说明书、出厂试验报告、交接试验报告等资料齐全完整	查阅技术文件、相关资料和报告	当发现本条款不满足时，应及时向厂家及运维单位、运维管理单位提出整改要求，补充相关资料	产品的出厂试验报告、交接试验报告是今后运维检修工作的参考，因此应保证报告齐全

序号	监督项目	监督要点	监督方法	整改建议	监督项目解析
8.3	系统调试	系统调试方案应签批，并进行如下系统调试试验： （1）串补平台带电试验。 （2）串联补偿装置开环空载带电试验。 （3）线路保护联动串补旁路断路器试验。 （4）串联补偿装置闭环负载带电试验。 （5）双系统掉电试验。 （6）可控串联补偿装置容抗调节试验。 （7）可控串联补偿装置晶闸管旁路试验。 （8）可控串联补偿装置持续高容抗试验	采用现场检查的方式，检查系统调试方案是否签批，项目是否齐全	当发现本条款不满足时，应要求调试单位补充试验方案及试验项目	串联补偿装置及其控保系统较一般设备复杂，因此需要进行全套的系统调试试验，保证各设备及控制保护系统功能正常

第九节　运维检修阶段

序号	监督项目	监督要点	监督方法	整改建议	监督项目解析
9.1	例行试验	串补装置例行试验项目及周期应符合 Q/GDW 1168—2013《输变电状态检修试验规程》第 5.19 节的规定。 （1）红外热像检测 330kV 及以上：1 个月，220kV：3 个月；例行检查 3 年。 （2）MOV：红外热像检测 500kV 及以上：1 个月，220～330kV：3 个月，110kV（66）kV：半年，35kV 及以下：1 年。 （3）运行中持续电流检测 110（66）kV 及以上：1 年；直流 1mA/柱电压及 $0.75U_{1mA}$/柱下泄漏电流测量，底座绝缘测量 110（66）kV 及以上：3 年，35kV 及以下：4 年。 （4）放电计数器功能检查：如果已有基准周期以上未检查，有停电机会时进行本项目，检查完毕应记录当前基数，若装有电流表，应同时校验电流表，校验结果应符合设备技术文件要求；串联电容器 3 年；阻尼电抗器 3 年；分压器分压比较核及参数测量 3 年。	查阅试验报告	发现本条款不满足时，及时向运维单位及生产管理部门提出整改	检修及预防性试验是串联补偿装置运行维护的重要环节，是保障串联补偿装置安全运行的有效手段，是技术监督工作的重要依据。串联补偿装置的检修、试验项目内容和周期应符合标准要求。当规程、规范中有关预防性试验周期存在上下限时，各单位应根据实际情况明确执行具体周期

序号	监督项目	监督要点	监督方法	整改建议	监督项目解析
9.1	例行试验	（5）旁路断路器：红外热像检测 500kV 及以上：1 个月，220～330kV：3 个月，110（66）kV：半年，35kV 及以下：1 年；主回路电阻测量 110（66）kV 及以上：3 年，35kV 及以下：4 年；断口间并联电容器电容量和介质损耗因数 110（66）kV 及以上：3 年；合闸电阻阻值及合闸电阻预接入时间 110（66）kV 及以上：3 年；例行检查和测试 110（66）kV 及以上：3 年，35kV 及以下：4 年。（6）SF_6 气体湿度检测（带电）110（66）kV 及以上：3 年，35kV 及以下：4 年；测量及控制系统 3 年	查阅试验报告	发现本条款不满足时，及时向运维单位及生产管理部门提出整改	检修及预防性试验是串联补偿装置运行维护的重要环节，是保障串联补偿装置安全运行的有效手段，是技术监督工作的重要依据。串联补偿装置的检修、试验项目内容和周期应符合标准要求。当规程、规范中有关预防性试验周期存在上下限时，各单位应根据实际情况明确执行具体周期

序号	监督项目	监督要点	监督方法	整改建议	监督项目解析
9.2	异常及故障处理	串联补偿装置如出现以下危急故障应立即处理： （1）电容器：电容器的电容值有明显变化、电容器有壳体破裂、漏油现象、设备运行中有异常振动、声响等。 （2）MOV：过电压限制瓷套或合成外套有严重破裂现象、引线端子板有变形、开裂现象等。 （3）控制装置（晶闸管阀）：晶闸管阀损坏数量大于冗余晶闸管级数、均压回路电阻、电容值严重超标，设备无法继续运行、伞裙有严重破损或裂纹等。 （4）（可控串联补偿装置）冷却系统：水冷管路及其部件有破裂、漏水现象等。 （5）控制系统：调节单元电源故障、调节逻辑故障、触发丢脉冲、监控单元 CPU 故障等	监督检查时应重点检查异常或事故处理记录是否符合标准要求	当发现本条款不满足时，应要求运维单位对异常及故障处理措施及管理方式进行整改	当串联补偿装置发生电容器电容量偏差大于 3%、电容器损坏、MOV 释放、晶闸管阀损坏 2 只以上、冷却水管路破裂漏水、控制系统故障时，均属于严重的故障情况，应按要求立即进行处理，否则发生事故的扩大

续表

序号	监督项目	监督要点	监督方法	整改建议	监督项目解析
9.3	定期评价	运维单位每年应在年度检修计划制定前，按照国家电网有限公司《电网设备状态检修管理标准和工作标准》的要求，对所辖范围内的串联补偿装置开展定期评价，状态评价报告依照设备管理权限，逐级履行审核、批准手续。定期评价每年不少于一次	查阅相关试验报告及评价报告	当发现本条款不满足时，及时向运维单位及生产管理部门提出整改	为了规范和有效的开展串联补偿装置状态检修工作，应对串联补偿装置开展例行试验与状态评价工作，运行单位应根据要求开展串联补偿装置设备状态评价（含风险评估和检修决策），包括设备定期评价和设备动态评价。根据串联补偿装置运行实际制定下年度设备状态检修计划，集中组织开展串联补偿装置设备状态评价、风险评估和检修决策工作；同时开展新设备首次评价，缺陷评价、不良工况评价、检修评价、特殊时期专项评价。若不能规范、有效地展开该工作，串联补偿装置将难以同常规设备保持同样的可靠性，影响系统的稳定运行

序号	监督项目	监督要点	监督方法	整改建议	监督项目解析
9.4	动态评价	运维单位应按照国家电网公司《电网设备状态检修管理标准和工作标准》的要求开展动态评价，确保设备状态管控到位。动态评价具体时限要求应符合： （1）新投运设备应在 1 个月内组织开展首次状态评价工作，并在 3 个月内完成。 （2）运行缺陷评价随缺陷处理流程完成；家族性缺陷评价在上级家族性缺陷发布后 2 周内完成。 （3）不良工况评价在设备经受不良工况后 1 周内完成。 （4）检修（A、B、C 类检修）评价在检修工作完成后 2 周内完成。 （5）重大保电活动专项评价应在活动开始前至少提前 2 个月完成；电网迎峰度夏、度冬专项评价原则上在 4 月底和 9 月底前完成	查阅相关试验报告及评价报告	当发现本条款不满足时，及时向运维单位及生产管理部门提出整改	为了规范和有效地开展串联补偿装置状态检修工作，应对串联补偿装置开展例行试验与状态评价工作，运行单位应根据要求开展串联补偿装置设备状态评价（含风险评估和检修决策），包括设备定期评价和设备动态评价。根据串联补偿装置运行实际制定下年度设备状态检修计划，集中组织开展串联补偿装置设备状态评价、风险评估和检修决策工作；同时开展新设备首次评价、缺陷评价、不良工况评价、检修评价、特殊时期专项评价。若不能规范、有效地开展该工作，串联补偿装置将难以同常规设备保持同样的可靠性，影响系统的稳定运行

序号	监督项目	监督要点	监督方法	整改建议	监督项目解析
9.5	状态评价结果	状态评价结果应符合 Q/GDW 659—2011《串联电容器补偿装置状态评价导则》的规定，对评价结果为非正常的进行核查	查阅相关试验报告及评价报告	当发现本条款不满足时，及时向运维单位及生产管理部门提出整改	为了规范和有效地开展串联补偿装置状态检修工作，应对串联补偿装置开展例行试验与状态评价工作，运行单位应根据要求开展串联补偿装置设备状态评价（含风险评估和检修决策），包括设备定期评价和设备动态评价。根据串联补偿装置运行实际制定下年度设备状态检修计划，集中组织开展串补装置设备状态评价、风险评估和检修决策工作；同时开展新设备首次评价，缺陷评价、不良工况评价、检修评价、特殊时期专项评价。若不能规范、有效地开展该工作，串联补偿装置将难以同常规设备保持同样的可靠性，影响系统的稳定运行

续表

序号	监督项目	监督要点	监督方法	整改建议	监督项目解析
9.6	状态评价风险评估	应按照《国家电网公司输变电设备风险评估导则》要求进行风险评估	查阅状态风险评估报告	当发现本条款不满足时，及时向运维单位及生产管理部门提出整改	应根据《国家电网公司输变电设备风险评估导则》对串联补偿装置进行状态风险评估

续表

序号	监督项目	监督要点	监督方法	整改建议	监督项目解析
9.7	状态检修策略	（1）串联补偿装置的状态检修策略应包括年度检修计划的制定、缺陷处理、试验、不停电的检查和维修等。 （2）检修策略应根据设备状态评价的结果动态调整	查阅状态评价及相关试验报告	当发现本条款不满足时，及时向运维单位及生产管理部门提出整改	为了规范和有效的开展串联补偿装置状态检修工作，应对根据状态评价结果，动态调整状态检修策略

续表

序号	监督项目	监督要点	监督方法	整改建议	监督项目解析
9.8	状态检修周期	检修基准周期为三年，并应符合以下规定： （1）被评价为"注意状态"的串联补偿装置，执行 C 类检修。如果单项状态量扣分导致评价结果为"注意状态"时，宜根据实际情况提前安排 C 类检修。如果由多项状态量合计扣分导致评价结果为"注意状态"时，可按正常周期执行，并根据设备的实际情况，增加必要的检修和试验内容。同时，被评价为"注意状态"的串联补偿装置应适当加强 D 类检修。 （2）被评价为"异常状态"的串联补偿装置，根据评价结果确定检修类别和内容，并适时安排检修。实施停电检修前应加强 D 类检修。 （3）被评价为"严重状态"的串联补偿装置，根据评价结果确定检修类别和内容，并尽快安排检修，实施停电检修前应加强 D 类检修	查阅状态评价及相关试验报告	当发现本条款不满足时，及时向运维单位及生产管理部门提出整改	为了规范和有效的开展串联补偿装置状态检修工作，应对串联补偿装置开展状态评价工作，状态评价工作时限应符合要求

续表

序号	监督项目	监督要点	监督方法	整改建议	监督项目解析
9.9	检修记录缺陷管理	每次检修应做好检修记录，并存档。如发现设备缺陷、故障隐患，应做详细记录	查阅检修缺陷记录	发现本条款不满足时，及时向运维单位及生产管理部门提出整改	应做好串联补偿装置故障、缺陷记录工作。当再次发生故障时，可对设备履历进行分析，进一步确认故障性质

序号	监督项目	监督要点	监督方法	整改建议	监督项目解析
9.10	反措执行	（1）火花间隙动作次数超过厂家规定值时应进行检查。 （2）运行中应特别关注电容器组不平衡电流值，当确认该值发生突变或越限告警时，应尽早安排串联补偿装置检修。 （3）按照 DL/T 393—2010《输变电设备状态检修试验规程》开展红外检测，定期进行红外成像精确测温检查，应重点检查电容器组引线接头、电容器外壳、MOV 端部以及串补平台上电流流过的其他主要设备	采用现场检查的方式，检查火花间隙触发次数是否超过厂家规定而未检修。检查电容器组不平衡电流大小是否在规定范围内	当发现本条款不满足时，应要求运维单位立即申请停电处理	（1）火花间隙一般 30 次动作免维护，但超过维护频次，应进行石墨电极等元部件的检查。 （2）电容器不平衡保护为电容器组唯一的内部保护，因此应重点关注其变化，发出告警值应尽快安排停电检修。火花间隙若超过厂家免维护次数规定而未进行检查，可能导致石墨电极受损，无法保证火花间隙可靠触发。电容器不平衡告警未停电处理，可能导致电容器故障扩大，甚至发生更严重的爆炸起火故障

序号	监督项目	监督要点	监督方法	整改建议	监督项目解析
9.11	控制保护系统检修周期	（1）串联补偿装置控制保护系统应在串联补偿装置投运后一年内进行第一次全部检验。 （2）以后全部检验或部分检验的安排宜与一次设备检修结合进行。 （3）具体的检验项目和检验周期应符合 Q/GDW 664—2011《串联电容器补偿装置控制保护系统现场检验规程》的规定	检查试验报告	当发现本条款不满足时，及时向运维单位及生产管理部门提出整改	控制保护系统检修试验是串联补偿装置运行维护的重要环节，是保障串联补偿装置安全运行的有效手段，是技术监督工作的重要依据

第十节　退役报废阶段

序号	监督项目	监督要点	监督方法	整改建议	监督项目解析
10.1	设备退役报废	串联补偿及可控串联补偿设备报废鉴定审批手续应规范： （1）各单位及所属单位发展部在项目可研阶段对拟拆除串联补偿或可控串联补偿设备进行评估论证，在项目可行性研究报告或项目建议书中提出拟拆除××报废处置建议。 （2）国家电网有限公司总部运检部（整串补站和、原值在2000万元及以上，且净值在1000万元级以上的串联补偿或可控串联补偿设备）、各单位及所属单位运检部根据项目可研审批权限，在项目可研评审时同步审查拟报废串联补偿或可控串联补偿设备。 （3）在项目实施过程中，项目管理部门应按照批复的拟报废串联补偿或可控串联补偿设备处置意见，组织实施相关串联补偿或可控串联补偿设备拆除工作。串联补偿或可控串联补偿设备拆除后由运检部门组织开展技术鉴定，确定其报废的处置意见	查阅项目可研报告、项目建议书、串联补偿装置设备鉴定意见，串联补偿装置资产管理相关台账和信息系统，串联补偿装置报废处理记录	发现本条款不满足时，及时向运维单位及生产管理部门提出整改	退役报废阶段是指设备完成使用寿命后，退出运行的工作阶段。本阶段技术监督工作由运维检修部门组织技术监督实施单位通过报告检查、台账检查等方式监督并评价设备退役报废处理过程中，相关技术标准和预防事故措施的执行情况，对不符合要求的出具技术监督告（预）警单。各级运检部门应组织各级电科院（地市检修分公司），将退役报废阶段的技术监督工作计划和信息及时录入管理系统

续表

序号	监督项目	监督要点	监督方法	整改建议	监督项目解析
10.2	设备退役报废	串联补偿及可控串联补偿设备报废信息应及时更新 （1）串联补偿及可控串联补偿设备报废时应同步更新 PMS、TMS、OMS 等相关业务管理系统、ERP 系统信息，确保资产管理各专业系统数据完备准确，保证资产账卡物动态一致。 （2）串联补偿及可控串联补偿设备退役后，由资产运维单位（部门）及时进行设备台账信息变更，并通过系统集成同步更新资产状态信息	查阅PMS记录	发现本条款不满足时，及时向运维单位及生产管理部门提出整改	退役报废阶段是指设备完成使用寿命后，退出运行的工作阶段。本阶段技术监督工作由运维检修部门组织技术监督实施单位通过报告检查、台账检查等方式监督并评价设备退役报废处理过程中，相关技术标准和预防事故措施的执行情况，对不符合要求的出具技术监督告（预）警单。各级运检部门应组织各级电科院（地市检修分公司），将退役报废阶段的技术监督工作计划和信息及时录入管理系统

续表

序号	监督项目	监督要点	监督方法	整改建议	监督项目解析
10.3	设备退役报废	串联补偿及可控串联补偿设备在下列情况下，可作报废处理： （1）设备额定短路开断电流小于安装地计算短路电流水平。 （2）断路器累积开断电流超过其制造厂给出的电寿命曲线。 （3）断路器操作次数大于其制造厂给出的机械操作次数限值。 （4）设备额定电流小于所安装回路的最大负荷电流。 （5）运行日久，其主要结构、机件陈旧，损坏严重，经鉴定再给予大修也不能符合生产要求；或虽然能修复但费用太大，修复后可使用的年限不长，效率不高，在经济上不可行。 （6）腐蚀严重，继续使用将会发生事故，又无法修复。 （7）严重污染环境，无法修治。 （8）淘汰产品，无零配件供应，不能利用和修复；国家规定强制淘汰报废；技术落后不能满足生产需要。 （9）存在严重质量问题或其他原因，不能继续运行。 （10）进口设备不能国产化，无零配件供应，不能修复，无法使用。 （11）因运营方式改变全部或部分拆除，且无法再安装使用。 （12）遭受自然灾害或突发意外事故，导致毁损，无法修复	查阅资料和现场检查，包括串联补偿装置退役设备评估报告	发现本条款不满足时，及时向运维单位及生产管理部门提出整改	退役报废阶段是指设备完成使用寿命后，退出运行的工作阶段。本阶段技术监督工作由运维检修部门组织技术监督实施单位通过报告检查、台账检查等方式监督并评价设备退役报废处理过程中，相关技术标准和预防事故措施的执行情况，对不符合要求的出具技术监督告（预）警单。各级运检部门应组织各级电科院（地市检修分公司），将退役报废阶段的技术监督工作计划和信息及时录入管理系统

序号	监督项目	监督要点	监督方法	整改建议	监督项目解析
10.4	设备退役报废	串联补偿及可控串联补偿设备报废管理要求： （1）串联补偿及可控串联补偿设备报废应按照公司固定资产管理要求履行相应审批程序，其中公司总部电网资产和各单位220kV及以上电压等级整条跨区（省）输电线路，承担跨区（省）输变电功能的关键输变电设备，330kV及以上主变压器、整站串补及可控串联补偿设备，单机容量2.5万kW及以上的水电机组以及未达到规定报废条件、原值在2000万元及以上，且净值在1000万元及以上的固定资产报废由公司总部审批，各单位填制固定资产报废审批表并履行内部程序后，上报公司总部办理固定资产报废审批手续。 （2）串联补偿及可控串联补偿设备履行报废审批程序后，应按照公司废旧物资处置管理有关规定统一处置，严禁留用或私自变卖，防止废旧设备重新流入电网	查阅资料和现场检查，包括串联补偿装置退役设备评估报告	发现本条款不满足时，及时向运维单位及生产管理部门提出整改	退役报废阶段是指设备完成使用寿命后，退出运行的工作阶段。本阶段技术监督工作由运维检修部门组织技术监督实施单位通过报告检查、台账检查等方式监督并评价设备退役报废处理过程中，相关技术标准和预防事故措施的执行情况，对不符合要求的出具技术监督告（预）警单。各级运检部门应组织各级电科院（地市检修分公司），将退役报废阶段的技术监督工作计划和信息及时录入管理系统

第五章　电能质量

第一节 用户接入规划设计阶段

序号	监督项目	监督要点	监督方法	整改建议	监督项目解析
1.1	预测评估	干扰源用户、高压直流输电系统、柔性输电设备及通过变流装置并网的发电企业等接入电网规划设计时,应进行电能质量预测评估(电气化铁路、风电场、光伏电站要求参照 (1.2~1.4)	查阅预测评估报告	若在查阅资料时发现干扰源用户入网未进行评估预测工作,应及时要求发策部和营销部协调具备资质的评估结构,对未评估的干扰源用户进行评估计算,如有超标的问题应提出相应治理措施	此项能够有效地在规划设计阶段控制干扰源接入的影响。干扰源用户接入电网是影响电网电能质量的主要因素,为了防止干扰源接入对电网电能质量造成不良影响,应从规划设计阶段加强对干扰源用户的监督,提出此条要求主要考虑部分干扰源用户,在规划设计阶段未进行电能质量评估预测,造成无法有效控制干扰源接入的影响

续表

序号	监督项目	监督要点	监督方法	整改建议	监督项目解析
1.2	电气化铁路评估	牵引站建设项目接入电力系统规划设计阶段，应进行电能质量预测评估	可采用查阅资料的方式，主要为电能质量预测评估报告，查看为电能质量预测评估报告评估结果，记录电能质量预测评估报告名称及评估结论。电能质量预测评估报告评估方法应符合国家标准的要求，评估计算准确，应考虑谐波背景等关键参数的准确性，评估结果应合理可信，对于超标的应提出相应要求	技术监督人员在查阅资料时发现电气化铁路牵引站，在规划设计阶段未进行电能质量预测评估或评估不符合要求，应及时要求发策部门协调具备资质的评估结构，对未评估的电气化铁路进行评估计算，如有超标的问题应提出相应治理措施	电气化铁路由于其特有的供电方式，常为两相供电或单相供电，由于其负荷不平衡的特性，易造成电网电压不平衡的情况。为了防止电气化铁路牵引站接入对电网电能质量造成不良影响，应从规划设计阶段加强对电气化铁路用户的监督，提出此条要求主要考虑电气化铁路，在规划设计阶段进行电能质量评估预测，测算电气化铁路接入后对电网的电压不平衡等指标，如出现超标能够提出相应治理措施

序号	监督项目	监督要点	监督方法	整改建议	监督项目解析
1.3	风电场评估	风电场建设项目接入电力系统规划设计阶段，应进行电能质量预测评估	开展本条目监督时，可采用查阅资料的方式，主要为电能质量预测评估报告，查看电能质量预测评估报告评估结果，记录电能质量预测评估报告名称及评估结论。电能质量预测评估报告评估方法应符合国家标准的要求，评估计算准确，应考虑谐波背景等关键参数的准确性，评估结果应合理可信，对于超标的应提出相应要求	当技术监督人员在查阅资料时，发现风电场在规划设计阶段未进行电能质量评估，或评估不符合要求时，应及时协调质监及部门资源，对电场的评估计算，如有超标的问题应提出相应治理措施	由于风力发电受自然气候影响，风的不稳定性造成风电输出的不稳定，易造成电网电压闪变及谐波的超标。为了防止风电场接入对电网电能质量造成不良影响，应从规划设计阶段加强对风电场接入的监督。提出此条要求主要考虑风电场在规划设计阶段未进行电能质量评估预测，造成无法有效控制风电场接入的影响

续表

序号	监督项目	监督要点	监督方法	整改建议	监督项目解析
1.4	光伏电站评估	光伏电站建设项目接入电力系统规划设计阶段，应进行电能质量预测评估	开展本条目监督时，可采用查阅资料的方式，主要为电能质量预测评估报告，查看电能质量预测评估报告的评估结果，记录电能质量预测评估报告名称及评估结论。电能质量预测评估报告评估方法应符合国家标准的要求，评估计算准确，应考虑诸波背景等关键参数的准确性，评估结果应合理可信，对于超标的应提出相应要求	当技术监督人员在查阅资料时，发现光伏电站在规划设计阶段未进行电能质量预测评估，或评估不符合要求，应及时要求发策部门协调具备资质的评估结构，对未评估的光伏电站进行评估计算，如有超标的问题应提出相应治理措施	由于光照的不稳定性，如受云遮挡或光照角度等影响，光伏电站输出也不稳定，易造成电网电压闪变及谐波的超标，为了防止光伏电站接入对电网电能质量造成不良影响，应从规划设计阶段加强对光伏电站接入的监督，提出此条要求主要考虑光伏电站在规划设计阶段未进行电能质量评估预测，造成无法有效控制光伏电站接入的影响

续表

序号	监督项目	监督要点	监督方法	整改建议	监督项目解析
1.5	电能质量控制措施	对于预测评估结论为"电能质量超标"的项目,评审意见中应要求采取电能质量控制措施	开展本条目监督时,可采用查阅资料的方式,主要为电能质量预测评估报告,查看电能质量预测评估报告的评估结果,记录电能质量预测评估报告名称及评估结论。电能质量预测评估报告评估方法应符合国家标准的要求,评估计算准确,应考虑谐波背景等关键参数的准确性,评估结果应合理可信,对于超标的应提出相应要求	开展本条目监督时,可采用查阅资料的方式,主要为电能质量预测评估报告,查看电能质量预测评估报告的评估结果。如果评估结果为超标的,记录预测评估报告评审意见中控制措施要求,记录电能质量预测评估报告名称及评估结论。电能质量预测评估报告评估结果应合理可信,对于超标的应提出相应要求,评审意见中控制措施要合理有效	对于干扰源用户、新能源电源及电气化铁路等对电网有影响的接入用户,预测评估中超标的,在评审意见中应要求采取电能质量控制措施,降低其接入电网后对电网电能质量的影响

续表

序号	监督项目	监督要点	监督方法	整改建议	监督项目解析
1.6	电能质量监测装置	（1）对于评估报告中明确需采取电能质量控制措施的项目，评审意见中应要求同步安装电能质量在线监测装置。 （2）在牵引站接入系统的公共连接点需要安装电能质量监测装置。 （3）风电场应配置电能质量监测装置。 （4）光伏发电站应配置电能质量监测装置	开展本条目监督时，可采用查阅资料的方式，主要为电能质量预测评估报告，查看其中超标用户、电气化铁路、风电场、光伏电站是否均要求安装电能质量在线监测装置	当技术监督人员在查阅资料时发现对于需要安装电能质量在线监测装置的用户，在预测评估报告中未提出安装电能质量在线监测装置要求的，应要求评估机构在评估报告中加入安装电能质量在线监测装置的要求	对于干扰源用户预测评估中超标的，为了能够持续监督，必须有有效的监测手段，所以在采取电能质量控制措施的同时，应安装电能质量在线监测装置。对于电气化铁路、风电场、光伏电站等需要持续监测，以监督其是否受环境因素影响而造成电能质量超标，必须安装电能质量在线监测装置。没有安装电能质量在线监测装置，将不能对重点干扰源进行实时的电能质量监测，失去有力的监督手段

第二节　设备采购阶段

序号	监督项目	监督要点	监督方法	整改建议	监督项目解析
2.1	电能质量监测装置型式试验报告管理	电能质量监测装置具有国家认可的检测机构出具的合格的型式试验报告	开展本条目监督时，应查阅每种型号电能质量监测装置的技术规范书/投标文件中的检验报告，记录是否具备型式试验，记录厂家所提供型式试验的编号、试验日期、对应投标产品型号以及试验单位	当技术监督人员在查阅资料时，发现电能质量监测装置不具备型式试验报告，应及时将情况通知厂家和相关物资部门，督促厂家补充由国家认可的检测机构出具的型式试验报告	为了能够有效地监督控制电能质量监测装置的质量水平，需要对每种型号的设备进行型式试验，出具型式试验报告的应为具有国家认可的检测机构。如未对电能质量监测装置进行型式试验，很有可能该仪器不能满足电能质量监测的功能要求，无法准确地开展电能质量在线监测监督

续表

序号	监督项目	监督要点	监督方法	整改建议	监督项目解析
2.2	电能质量监测装置产品性能测试报告管理	电能质量监测装置具有国家认可的检测机构出具的合格的产品性能测试（POC）报告	开展本条目监督时，可采用查阅资料的方式，主要包括每种型号电能质量监测装置的技术规范书／投标文件中的检验报告，查看记录是否具备产品性能测试报告，记录厂家所提供产品性能测试报告的编号、试验日期、对应投标产品型号以及试验单位	当技术监督人员在查阅资料时，发现电能质量监测装置不具备产品性能测试报告或不符合要求时，应及时通知物资部门加强设备入网检测，杜绝不符合要求设备入网	电能质量监测装置设备生产厂较多，电能质量监测装置性能水平参差不齐，装置的性能指标直接关系到电能质量监测的结果准确性，影响在线监测效果。对于产品在采购阶段需要监督其产品性能的测试。产品性能测试报告应包括设备功能性测试、设备准确性精度测试、设备通信协议测试等内容

序号	监督项目	监督要点	监督方法	整改建议	监督项目解析
2.3	电能质量监测终端通信格式验证	监测装置应满足所接入谐波监测系统的通信协议要求，电能质量监测终端通信检测合格	开展本条目监督时，可查阅每种型号电能质量监测装置的技术规范书/投标文件中的检验报告，记录是否具备产品性能测试报告，记录厂家所提供产品性能测试报告的编号、试验日期、对应投标产品型号以及试验单位，记录其中有关电能质量监测终端通信格式验证的结果	当技术监督人员在查阅资料时，发现电能质量监测装置未进行通信功能检测或通信检测不合格时，应及时通知物资部门加强对其通信功能的检测要求，对装置开展通信功能的检测	电能质量监测装置除性能指标直接关系到电能质量监测的结果准确性外，通信格式如不满足谐波监测系统通信协议要求，也会造成监测数据无法准确上传到谐波监测系统中，造成数据缺失，故应在设备采购阶段加强监督，避免因通信问题造成监测失效

序号	监督项目	监督要点	监督方法	整改建议	监督项目解析
2.4	电压监测仪选型	电压监测仪必须具有省级及以上技术机构出具的有效的选型检验报告	开展本条目监督时，查阅每种型号电压监测装置的技术规范书/投标文件中的检验报告，记录是否具备选型检验报告	当技术监督人员在查阅资料时发现不具备电压检测仪选型检验报告，应及时通知物资部门加强设备入网管理，要求相关单位补充电压检测仪选型检验报告	《国家电网公司供电电压、电网谐波及技术线损管理规定》[国网（运检/4）412—2014]：第三十八条 电压监测装置作为电压合格率指标考核的重要监测设备，应具有省级及以上技术机构出具的选型检验报告

序号	监督项目	监督要点	监督方法	整改建议	监督项目解析
2.5	电压监测仪功能	电压监测仪的功能应满足 Q/GDW 1819—2013《电压监测装置技术规范》的功能要求	开展本条目监督时，可查阅每种型号电压监测装置技术规范书/投标文件，检验报告，记录是否具备功能检测报告	当技术监督人员在查阅资料时，发现不具备电压检测仪功能检测报告时，应及时通知物资部门加强设备入网管理，要求相关单位补充电压检测仪功能检测报告	为控制电压监测仪的入网质量水平，保证电压监测准确性，需要对电压监测仪的功能提出要求

第三节　设备验收阶段

序号	监督项目	监督要点	监督方法	整改建议	监督项目解析
3.1	电能质量监测装置出厂检验报告管理	每台电能质量监测装置应具备满足Q/GDW 1650.2—2017《电能质量监测技术规范　第2部分：电能质量监测装置》要求的出厂检验报告	开展本条目监督时，可查阅出厂检验报告，记录是否具备出厂检验报告	当技术监督人员在查阅资料时，发现不具备电能质量监测装置出厂检验报告，应及时将情况通知生产厂和相关物资部门，督促厂家补充设备出厂报告	为监督电能质量监测装置的质量水平，应要求生产厂提供出厂检验报告。如电能质量监测装置没有做好出厂检测工作，电能质量监测装置的功能和准确性将不能得到保证，必须要求设备厂在设备出厂前完成出厂试验

序号	监督项目	监督要点	监督方法	整改建议	监督项目解析
3.2	电能质量监测装置验收报告管理	应具备满足 Q/GDW 1650.2—2017《电能质量监测技术规范 第 2 部分：电能质量监测装置》要求的验收报告	开展本条目监督时，可查阅验收报告，记录是否具备验收报告	当技术监督人员在查阅资料时，发现不具备电能质量监测装置验收报告，应及时将情况通知相关物资部门，督促相关部门补充验收报告	作为电能质量监测装置是验收阶段的主要监督手段，能够有效地控制电能质量监测装置的质量水平。验收报告中应包括装置基本功能验证、精度验证及通信验证的内容

续表

序号	监督项目	监督要点	监督方法	整改建议	监督项目解析
3.3	电能质量监测装置数据通信验收验证	监测装置应完成 Q/GDW 1650.3—2014《电能质量监测技术规范　第 3 部分：监测终端与主站间通信协议》对应的数据通信验证	开展本条目监督时，可查阅验收报告，记录各种型号监测装置是否完成数据通信验证	当技术监督人员在查阅资料时，发现不具备电能质量监测装置通信验证，应及时将情况通知相关物资部门，督促相关部门补充通信验收报告	在验收阶段，为保证电能质量监测装置能够符合谐波监测平台的通信协议，不因为通信问题造成数据丢失或通信失败无法获取数据，在验收过程中应进行数据通信验证

序号	监督项目	监督要点	监督方法	整改建议	监督项目解析
3.4	电压监测仪验收试验	应具备电压监测仪验收抽检报告	开展本条目监督时，可查阅验收检验报告，记录是否具备验收检验报告	当技术监督人员在查阅资料时，发现不具备电压监测仪验收抽检报告，应及时将情况通知相关物资部门，督促相关部门补充验收抽检报告	为保证新电压监测仪的质量，在验收阶段，应对每批次的电压监测仪进行抽检

第四节 运维检修阶段

序号	监督项目	监督要点	监督方法	整改建议	监督项目解析
4.1	干扰源台账	应建立干扰源台账	开展本条目监督时，可查阅是否建立干扰源台账。干扰源台账应内容应齐全，应记录用户具体干扰源设备类型、容量、运行方式等具体参数	当技术监督人员在查阅资料时，发现不具备干扰源用户档案，应及时通知营销部门，要求其补全干扰源用户档案	为了能够掌握电能质量干扰源用户的情况，营销部门应建立健全干扰源用户的档案。干扰源用户主要包括电气化铁路、新能源电源、冶炼企业及各类非线性负荷用户。当干扰源用户档案不健全或未建立时，出现电能质量异常无法准确判断问题来源，并且没有档案也不能记录历史电能质量问题，无法全面监督干扰源用户的电能质量情况

序号	监督项目	监督要点	监督方法	整改建议	监督项目解析
4.2	电能质量事故及分析处理档案	应建立电能质量事故及分析处理档案	开展本条目监督时，可查阅电能质量事故分析处理档案，记录是否有事故及分析档案	当技术监督人员在查阅资料时，发现不具备电能质量事故及分析处理档案，应及时通知营销部门及运检部门，要求其补全电能质量事故及分析处理档案	为了能够记录分析电能质量事故，吸取经验，防范同类事故发生，应建立电能质量事故及分析处理档案。档案中应包含事故发生的详细过程及事后进行的分析和处理情况

序号	监督项目	监督要点	监督方法	整改建议	监督项目解析
4.3	电能质量治理措施	当电能质量不符合国家标准时，应按照"谁引起，谁治理"的原则及时处理	开展本条目监督时，可查阅测试数据、测试报告和整改通知单，记录评估报告结果、整改通知单编号	当技术监督人员在查阅资料时，发现有超标用户未采取治理措施，应及时通知营销部门，要求其对该用户下发整改通知单，并督促用户按期整改	当电网企业、并网运行的发电企业或电力用户产生干扰导致电能质量不符合国家标准时，应按"谁引起，谁治理"的原则及时处理。营销部部门应配合运检部门督促超标用户落实治理措施，向超标用户下发整改通知单。用户电能质量超标并未采取整改措施，将对电网电能质量产生不良影响，可能对其他用户用电质量造成影响，甚至长期超标运行会损坏变电设备

序号	监督项目	监督要点	监督方法	整改建议	监督项目解析
4.4	谐波测试	（1）直流换流站测试周期为每年一次；500kV 变电站每两年完成一次轮测；220kV 变电站每三年完成一次轮测；110kV 及以下变电站每六年完成一次轮测。 （2）接有电气化铁路、冶金、风电、光伏等大型谐波源用户的变电站每年测试一次。 （3）测试时间不少于 24h。 （4）应根据测试周期，制定单位年度测试计划，按计划完成年度测试工作	开展本条目监督时，可采用查阅资料的方式，主要包括查阅谐波测试计划和测试报告，查看测试计划是否满足规定要求，测试报告是否准确，是否已完成测试周期内应完成的测试计划	当技术监督人员在查阅资料时，发现电能质量测试未按时完成或测试方法不正确，应加强管理，督促相关专业班组按要求按计划完成测试任务	该条款提出明确谐波测试工作要求，加强督促谐波测试工作的落实。谐波测试计划应合理并且严格按照管理规定要求制定，谐波测试报告数据应准确、测试方法正确、测试时间符合标准要求，测试用仪器精度应符合标准要求并在校验有效期内等内容。如不按期进行电能质量测试，将不能掌握电网电能质量情况，无法准确有效的监督电能质量参数

序号	监督项目	监督要点	监督方法	整改建议	监督项目解析
4.5	电能质量监测装置周期检验	（1）便携式电能质量监测分析仪检验周期不应超过 2 年，使用频繁的仪器检验周期不宜超过 1 年。 （2）修理后的电能质量监测装置应经检验合格后才投入使用	开展本条目监督时，可查阅仪器检验报告，记录仪器检验报告名称编号，检验结果	当技术监督人员在查阅资料时，发现电能质量监测装置未按时检测，应加强管理，督促相关专业班组按要求按计划完成设备送检工作	为保证电能质量监督测试中数据的准确性，监测结果可以合理地作为监督依据，电能质量监测装置应定期进行检验。检验的内容主要针对测试精度，并有出具检验合格报告。如电能质量监测装置不能按期检验，测试结果的准确性不能得到保证，极有可能造成测试结果与实际情况不符，造成对监督结果的误判

续表

序号	监督项目	监督要点	监督方法	整改建议	监督项目解析
4.6	电压监测仪周期检验	在运的电压监测仪应进行周期检验，周期检验的间隔为 1～3 年，检验须保留检验记录或检验报告	开展本条目监督时，可查阅资料检验记录或报告，记录周期检验报告号 / 周期检验记录	当技术监督人员在查阅资料时，发现电压监测仪未按时检验，应加强管理，督促相关专业班组按要求按计划完成设备送检工作	为保证电压合格率监测的准确性，对于在运的电压监测仪应进行周期检验，并出具检验记录或报告